（供临床医学、医学检验、预防医学、法医学、口腔、麻醉、影像、眼视光、中医学、护理学、康复医学、生物技术、生物科学等专业用）

细胞生物学与遗传学实验指导

主　编　金龙金　李红智
　　　　刘永章　梁万东

浙江大學出版社

图书在版编目（CIP）数据

细胞生物学与遗传学实验指导／金龙金等主编．—杭州：浙江大学出版社，2005.8(2024.1 重印)
ISBN 978-7-308-04453-0

Ⅰ．细… Ⅱ．金… Ⅲ．①医学—细胞生物学—实验—医学院校—教学参考资料②医学遗传学—实验—医学院校—教学参考资料 Ⅳ．Q2-33 R394-33

中国版本图书馆 CIP 数据核字（2005）第 102244 号

细胞生物学与遗传学实验指导
金龙金等 主编

责任编辑 沈国明
出版发行 浙江大学出版社
（杭州市天目山路 148 号 邮政编码 310007）
（网址：http://www.zjupress.com）
排　　版 杭州青翊图文设计有限公司
印　　刷 杭州杭新印务有限公司
开　　本 787mm×1092mm 1/16
印　　张 7.5
字　　数 180 千
版 印 次 2005 年 8 月第 1 版 2024 年 1 月第 20 次印刷
书　　号 ISBN 978-7-308-04453-0
定　　价 22.00 元

《细胞生物学与遗传学实验指导》
编辑委员会

主　编　金龙金　李红智
　　　　　刘永章　梁万东

编　者（按姓氏笔画为序）
　　刘永章　李红智　豆长明
　　金龙金　周　波　梁万东
　　梁　倩　楼哲丰　黎　真

目　录

上篇：细胞生物学实验指导

下篇：遗传学实验指导

上　篇

细胞生物学实验指导

实验一　光学显微镜的使用和动物细胞形态结构的观察

【目的要求】

1. 掌握细胞的临时制片方法。
2. 掌握正确使用光学显微镜观察动物细胞形态结构的方法。
3. 掌握正确的生物学实验绘图方法。

【实验用品】

1. 材料:蟾蜍
2. 器材:显微镜、载玻片、盖玻片、吸水纸、解剖剪、解剖镊、解剖针、吸管、棉花、解剖盘、牙签
3. 试剂:二甲苯、乙醚

【内容和方法】

(一)显微镜的结构及使用方法

光学显微镜,简称光镜(microscope),是生物医学研究及临床工作中常用的仪器,每个学生都必须熟悉它的结构和性能,掌握其使用方法。

1. 光学显微镜的主要构造

显微镜的构造主要分为三部分:机械部分、照明部分和光学部分(图 1-1)。

(1)机械部分

①镜座:亦称镜脚,是显微镜的基座,用以支持整个显微镜。

②镜柱:是镜座向上直立的短柱,用以支持其他部分。

③镜臂:是镜柱向上弯曲的部分,适于手握。有些显微镜镜柱与镜臂之间有倾斜关节。

④镜筒:连在镜臂前方的镜筒部分,一般长度为 16 cm。有直筒和斜筒两种,前者镜筒上下可调节,后者镜筒是固定的。

⑤调节器:是装在镜臂上的大小两种螺旋,转动时可使镜台升降或使镜筒上下移动以调节焦距。

粗调节器(粗螺旋)　转动时可使镜台或镜筒在垂直方向以较快速度和较大距离进行上下升降,调节物镜与标本的距离。通常在低倍镜下,先用粗调节器找到物像。

细调节器(细螺旋)　形状较小,通常在粗调节器的下方或外侧,转动时可使镜台或镜筒缓慢地上下移动,以精细调节焦距,得到清晰的物像。

⑥旋转器(镜头转换器):装在镜筒的下端,呈盘状,下面有 3～4 个物镜孔供装置不同放

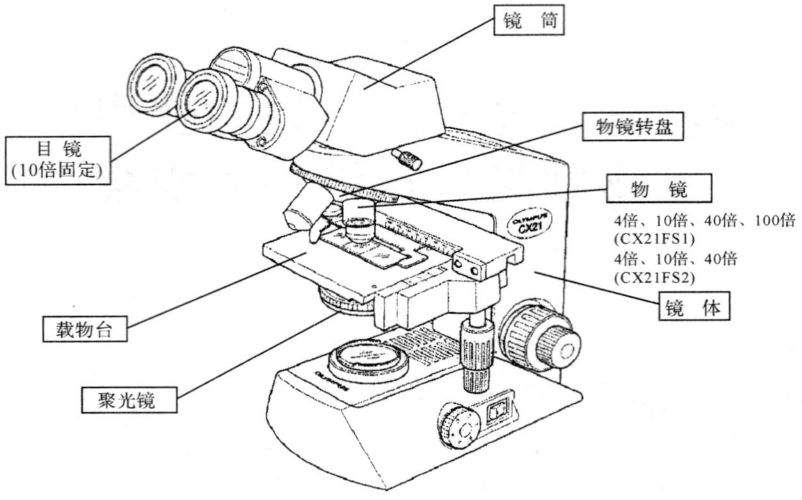

图 1-1 普通光学显微镜的结构

大倍数的物镜,可旋转。

⑦载物台(镜台):用以放玻片样本,中间有一通光圆孔,称为镜台孔,由此孔可透入集光器传入的光线。

⑧标本移动器:装于载物台上,用于前后左右移动玻片标本。移动器上有标尺,可以测定标本大小。

(2)照明部分

①反光镜(mirror):是一个一面平一面凹的双面镜,装在镜柱基部的前方,可向任意方向转动,其作用是改变光源射出的光线方向,送至聚光镜中心,再经镜台孔照明标本。反光镜的凹面聚光作用较强,通常在光线较弱时使用;在光线强而均匀时,宜用平面镜。有些显微镜采用电光源代替反光镜,使用时接上电源,在打开电源前,光照亮度旋至最小位置,然后打开电源,旋转亮度旋扭调节光照强度至适宜为止。关闭电源前,应先将光照亮度旋至最小位置。

②聚光器(又名集光器,condenser):位于载物台下方的聚光器架上,由聚光镜和虹彩光阑组成。

聚光镜 由一片或数片透镜组成,其作用相当于一凸透镜,起会聚光线的作用,一般可通过装在镜柱旁的聚光器调节螺旋的转动而上下移动,上升时视野中光亮度增加,下降时光亮度变弱。

虹彩光阑(又名光圈,diaphragm) 在聚光镜下方,由十几张活动的金属薄片组成。其外侧伸出一柄,推动此柄可随意调节开孔的大小,以调节光量。

(3)光学部分

①目镜(ocular):位于镜筒上方,常用的有 5×,6×,8×,10×,12×,15×,数字越大,放大倍率越高,可根据需要挑选使用。一般装在镜筒上的是 10× 目镜。

②物镜(objective):装在镜筒下端的旋转器上,一般有 3~4 个物镜。其中最短的刻有"4×"或"10×"符号的为低倍镜,较长的刻有"40×"符号的为高倍镜;最长的刻有"100×"符号的为油镜。

在物镜上,还有镜口率(NA)的标志。镜口率反映该镜头分辨力的大小,其数字越大,表示分辨力越高。有关物镜的一般数据见表 1-1。

表 1-1 物镜的一般数据

物 镜	镜口率(NA)	工作距离(mm)
10×	0.25	7.63
40×	0.65	0.50
100×	1.25	0.193

表中的工作距离是指显微镜处于工作状态(物像调节清楚)时，物镜的下表面与盖玻片(盖玻片的厚度一般为 0.17 mm)上表面之间的距离。物镜的放大倍数愈大，它的工作距离愈小。

显微镜的放大倍数是物镜的放大倍数与目镜的放大倍数的乘积，如：物镜为 10×，目镜为 10×，其放大倍数就为 100。

2. 光学显微镜的使用方法

(1)低倍镜的使用方法

①检查：用右手握镜臂，从镜箱中将显微镜取出，左手托镜座，平稳地放到实验桌上。使用前应先检查一下显微镜各部分结构是否完整，如发现有缺损或性能不良，要立即报告教师，请求处理。

②准备：将显微镜放于自己座位面前实验桌上稍偏左侧，镜台向前镜筒向后，旋转粗调节器使镜台远离物镜，旋转物镜转换器，使低倍镜对准镜台孔，这时可听到转换器边上固定扣碰上而发出的声音，或手上感到一种阻力，说明物镜的光轴已正对镜筒的中心。

③对光：打开光圈，将聚光器上升。双眼同时张开，以左眼向目镜内观察(如为双筒显微镜，用双眼观察，下同)，调节反光镜的方向，使光线射入镜筒中，直到求得明亮而均匀的视野为止；或打开电源，调节光照亮度旋钮，直到光亮度最适宜为止。

④置片和调整焦距：将玻片标本置于镜台上，注意使有盖玻片的一面朝上，利用标本移动器将玻片夹住，然后将玻片稍加调节，使标本对准镜台孔。从侧面注视低倍镜，转动粗调节器，使镜台慢慢上升，至物镜距标本半厘米处为止，再以左眼自目镜中观察，左手转动粗调节器使镜台徐徐下降，直到视野中出现标本的物像为止；再转动细调节器，使镜台微微上下，调节距离，使物像清晰。

(2)高倍镜的使用方法

①依上法先用低倍镜找到物像后，将欲观察的标本部分移到视野中央。

②眼睛从侧面注视物镜，用手转动物镜转换器，使高倍物镜对准标本(如果操作正确，此时物镜与标本之间距离正好，不会碰到)。

③眼睛向目镜内看，同时只需轻轻转动细调节器使镜台微微升降，即得到清晰的物像。

(3)油镜的使用方法

①同高倍镜的使用方法

②在玻片标本上需要观察的部分加上少许香柏油，然后转动物镜转换器，使油镜对准标本。调节油镜至油镜的前端浸在香柏油内，从目镜观察，同时转动细调节器，至视野出现清楚物像为止。油镜的放大倍数大，观察时要用较强的光线。

③观察以后，用粗调节器使镜台下降(镜筒上升)，用擦镜纸将镜头、玻片标本上的香柏油擦去，可用少许二甲苯，但不能用力擦，以免损坏镜头和标本。水分较多的临时制片，使用

油镜观察时，应事先吸尽水分。

3. 使用光学显微镜的注意事项

(1)取显微镜时必须右手握镜臂，左手托镜座，平贴胸前。切勿一手斜提，前后摇摆，以防碰撞和零件跌落。

(2)擦拭显微镜的光学玻璃部分，必须用擦镜纸，切忌用其他硬质纸张或布等擦拭，以免造成镜面划痕。

(3)切忌用水、酒精或其他药品浸润镜台或镜头。一旦沾染应立即进行处理，以免污染或腐蚀镜头。

(4)放置玻片标本时，应将有盖玻片的一面向上，否则会压坏标本和物镜。

(5)观察时应两眼同时张开，用左眼观察，用右眼注视绘图。左手调节粗、细调节器，右手调节标本移动器和绘图。

(6)实验完毕后，将显微镜擦拭干净。物镜不要与镜台相对，关闭光圈，适当下降聚光器，将反光镜直立，送回原处。

(二)细胞的临时制片和观察

1. 蟾蜍血涂片的制备和观察

取一只经乙醚麻醉的蟾蜍，剪开胸腔，打开心包膜，小心地将心脏剪一小口，取一滴心脏血滴在干净载玻片一端，然后另取一张边缘平整的载玻片按图 1-2 推成血涂片，室温下晾干后置显微镜下观察，可见蟾蜍血细胞的红细胞为椭圆形、有核；白细胞数目少，为圆形。

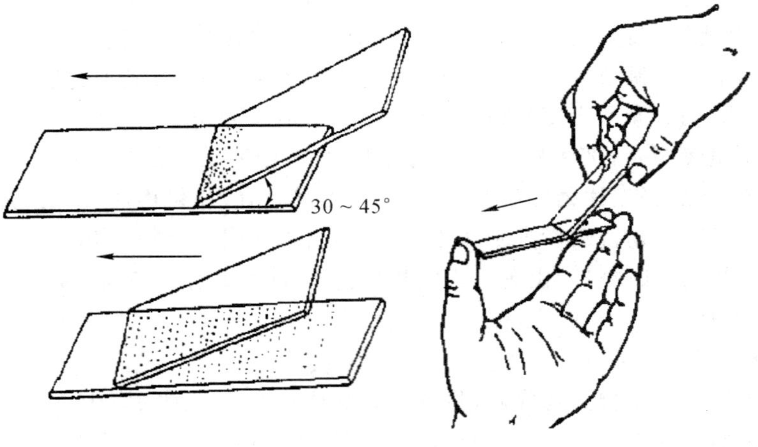

图 1-2 血涂片的制备方法

2. 蟾蜍骨骼肌细胞的剥离与观察

剪开蟾蜍腿部皮肤，取一小块肌肉，放在载玻片上，用镊子和解剖针剥离出肌纤维(肌细胞)，尽可能拉直肌纤维。在显微镜下观察(图1-3)，肌细胞为细长形，可见折光不同的横纹，每个肌细胞有多个核，分布于细胞的周边。

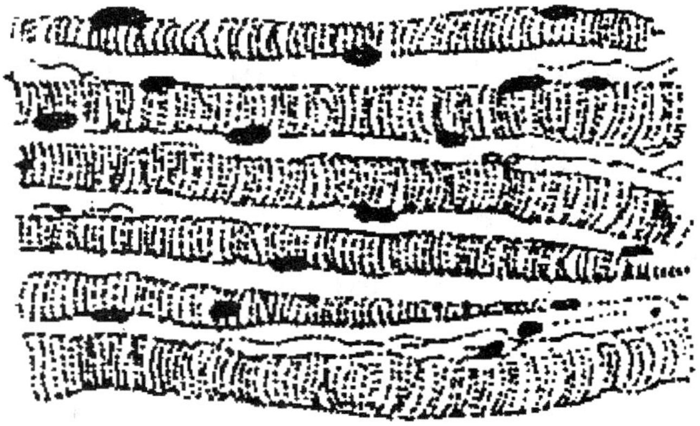

图 1-3 骨骼肌细胞

（三）示教

1. 蟾蜍肝脏压片观察

显微镜下可见肝细胞核被甲基蓝染成蓝色，肝细胞紧密排列，挤成多角形。

2. 蟾蜍脊髓压片观察

用甲苯胺蓝染色后在显微镜下可见染色较深的小的神经胶质细胞。染成蓝紫色的、大的、有多个突起的脊髓前角运动神经细胞，胞体呈三角形或星形，中央有一个圆形细胞核，内有一个核仁。

【作业】

绘蟾蜍血涂片中红细胞形态图

【思考题】

1. 怎样调节视野的明暗？
2. 为什么在进行高倍镜观察时，必须从低倍镜开始？
3. 在装片时，应注意什么？
4. 细胞不同的形态与其功能有什么关系？

附录一 关于细胞生物学与遗传学实验报告的写作要求

实验报告是科学的记录，是实验过程和结果的真实记载。实验报告形式大致可分为三种：

（一）文字描述

将观察所得或实验结果，用文字详细而又准确地予以描述，并对实验结果进行分析。要求抓住主要问题，文句简明，条理清楚。

（二）列表

将实验结果或观察所得用表格形式予以表达。如有实验数据，要对数据进行分析，必要时要做统计分析。

（三）绘图

绘图是细胞生物学实验中最常用的报告形式，是对所观察的标本进行如实的描绘。通过绘图学会仔细观察和详细记录。绘图的基本要求如下：

1. 必须严格依据实物，务求准确，决不能随意增减、夸张或作其他种种艺术处理。在绘图前应对标本进行详细观察和研究。

2. 可按标本的大小作适当的放大或缩小，但图中各种结构的大小要与实物成比例。

3. 一张报告纸上如绘几张图，每图的位置、大小必须搭配适宜，整齐有序，画面必须洁净。

4. 绘图用尖细的硬质铅笔（2H 或 HB）

5. 将所要描绘的实物准确地用单线画出，图中染色深（暗）浅（明）以小圆点的密或疏来表示，暗则密，明则疏，不能用铅笔涂成暗影来表示染色深浅。

6. 图绘好后，还须注明图名及各部分名称。图名注在图的下方，各部分名称注在图的右侧，从所要标注部分用直尺引出直线，将其名称注于引线末端。引线须与报告纸的上下边缘平行，长短适当，末端对齐。引线切忌相互交叉。注字必须横列，字迹端正。注字和引线都必须用铅笔。

附录二　几种特殊的光学显微镜

一、暗视野显微镜（dark field microscope）

日常生活中，室内飞扬的灰尘是看不见的，但只要窗口有一束强烈的阳光射进来，在光束通过处，可以见到灰尘微粒。这就是光学上的丁达尔（Tyndall）现象。利用此原理设计的暗视野显微镜，可用来观察活细胞的结构和运动等。

暗视野显微镜的特点主要是使用一块中央遮光板或暗视野聚光器，使光源的中央光束被阻挡而不能从聚光镜的中心部分透入物镜，只能倾斜地照射在要观察的标本上。光线遇标本发生反射或散射，散射的光线投入物镜内，因而整个视野是黑暗的。在暗视野中所看到的是被检物体的衍射光图像，并非物体的本身，只能看到物体的存在和运行，不能辨清物体的细微结构。利用暗视野显微镜能观察到 0.004～0.2 μm 范围内的微细粒子的存在和运动，这是普通显微镜所不具有的特性。

二、相差显微镜（phase contrast microscope）

相差是指同一光线经过折射率不同的介质，其相位（相位是某一时间上光的波动所能达到的位置）所发生的差异。人的眼睛一般很难感受到相差，只能观察到光波的波长（颜色）和振幅（亮度）发生的变化。活细胞和未染色的生物标本多为无色透明，各微细结构折光性对比不显著，在普通显微镜下很难看清，因而一般生物标本要经过固定染色处理，但这往往会使细胞死亡或发生变化，不能达到某些研究的要求。而相差显微镜能通过一定的装置将相差变成振幅差（增大物体明暗的反差），从而观察活细胞的结构。

相差显微镜与普通显微镜的主要不同之处，在于用环状光阑代替可变光阑，用带相板的物镜代替普通物镜，并带有一个调轴望远镜。相板能改变直射光或衍射光的相位，并把相位差变成振幅差（明暗差），同时它还吸收部分直射光线，增大明暗反差。不同倍数的相差物镜要用相应的环状光阑。调轴望远镜是用来进行合轴调节用的，它使环状光阑的亮环和相板的环状圈重合对齐，这样才能发挥相差显微镜的效能，看清活细胞或未染色标本的微细结构。

三、荧光显微镜(fluorescence microscope)

某些物质受紫外线照射时会发出荧光，这种物质叫荧光物质，如维生素 A、核黄素等都是细胞内的天然荧光物质。活细胞中加入荧光染料(如吖啶橙、中性红、甲基绿等)，使其与细胞内某些物质结合，经紫外线照射后可诱发出荧光，用荧光显微镜可以观察到这些荧光物质在细胞内的分布位置。

荧光显微镜的构造与普通光学显微镜基本相同，主要区别是具有荧光光源和滤色系统，通常采用高压水银灯等作为发生紫外光的光源。在光源和反光镜之间有一滤光装置，可将紫外线以外的可见光线都吸收掉，只使紫外线通过。当紫外线经过集光器照射到标本上时，能激发标本中的荧光物质，使其发出一定的荧光，再通过物镜和目镜的放大进行观察。为了保护眼睛，在物镜和目镜间装有一个吸收滤光片，可把剩余的紫外线吸收掉，只让荧光通过，这样在强烈的对衬背景下，即使荧光很微弱，也容易清晰辨认，灵敏度高。利用荧光显微镜，不仅可以观察固定的切片标本，而且还可在活体染色后进行活细胞的观察。因此，有关细胞与组织中物质的吸收与运输、化学物质的分布与定位等问题，都可以利用荧光显微镜进行观察研究。

实验二　细胞化学成分的分析

【目的要求】

1. 了解细胞化学方法的基本原理。

2. 掌握DNA和RNA、酸性蛋白和碱性蛋白在细胞内分布的检测方法。

【实验用品】

1. 材料：蟾蜍

2. 器材：显微镜、载玻片、水浴锅、吸管、解剖剪、解剖镊、吸水纸、消毒棉球等

3. 试剂：乙醚，70%乙醇，5%三氯醋酸，0.1%酸性固绿染液(pH 2.0～2.5)，0.1%碱性固绿染液(pH 8.0～8.5)，甲基绿—哌罗宁混合液

【内容和方法】

(一)细胞内酸性蛋白和碱性蛋白的显示

1. 实验原理

细胞化学(cellular chemistry)的方法，是在保持细胞结构的基础上，利用某些化学试剂与细胞内的一些物质发生化学反应，并使其最终的反应产物变为有色的沉淀，从而可定性地指出某种化学成分在细胞中的位置。

由于不同蛋白质分子中所带有的碱性基团和酸性基团的数量不同，在不同的pH溶液中，整个蛋白质所带正负电荷也就不同，如在生理条件下，整个蛋白质带负电荷多，则为酸性蛋白质(等电点偏向酸性)；若带正电荷多，则为碱性蛋白质(等电点偏向碱性)。据此，可将标本经三氯醋酸处理(除去核酸，消除影响因素)后，用不同pH的固绿染色液(为一种弱酸性染料，本身带负电荷)予以染色，使细胞内的酸性和碱性蛋白质分别显示出来。

2. 操作步骤

(1)血涂片的制作：见实验一制片方法(共制三张)。

(2)固定：将晾干的两张血涂片浸于70%乙醇中固定5 min，清水冲洗。

(3)三氯醋酸处理：将已固定的两张涂片浸在90℃的5%三氯醋酸(放置在恒温水浴锅中)处理15 min，清水冲净(注意一定要反复冲，不可在涂片上留下三氯醋酸痕迹，否则酸性蛋白和碱性蛋白的染色将无法区分)。

(4)染色和观察：将一张涂片浸入0.1%酸性固绿染液中染色3 min，清水冲洗，晾干。另一张涂片在0.1%碱性固绿染液中染色30 min，清水冲洗后，晾干，然后置于显微镜下观察。

3. 结果与观察

经酸性固绿染液染色，整个细胞质和核仁中蛋白质被染成绿色(此即为酸性蛋白质在细胞内的分布)，细胞核中染色质未被染色；经碱性固绿染色，只有细胞核内染色质被染成绿色

(此即为碱性蛋白质在细胞内的定位)。

(二)细胞内 DNA 和 RNA 的显示

1. 实验原理

核酸分为 DNA 和 RNA 两类。利用 DNA 和 RNA 聚合程度的不同而对碱性染料有不同的亲和力,可进行选择性染色。由于甲基绿分子上有两个相对的正电荷,它对聚合程度高的 DNA 有强的亲和力;而哌罗宁分子只有一个相对的正电荷,它仅和聚合程度较低的 RNA 相结合。由此,DNA 和 RNA 可被分别染色。

2. 操作步骤

(1)取已制备好的第三张血涂片,在 70%乙醇中固定 5~10 min 后晾干。

(2)将甲基绿—哌罗宁混合染液滴于涂片上,使之覆盖血膜,染色 20 min。

(3)清水冲净,并用吸水纸吸去多余水分(注意,血膜处不可吸得过干)。

3. 结果与观察

细胞核被染成蓝绿色,说明 DNA 主要在核内;核仁和细胞质被染成红色,表明 RNA 富集在核仁区和胞质中。

【作业】

1. 绘制蟾蜍血涂片所显示的酸性蛋白和碱性蛋白分布图。
2. 绘制蟾蜍血涂片显示的 DNA 和 RNA 分布图。

【思考题】

1. 用不同 pH 的固绿染色液染色显示细胞内碱性蛋白和酸性蛋白时,为什么标本事前需要经过三氯醋酸处理?
2. 用甲基绿—哌罗宁混合染液染色,为什么可使细胞内 DNA 与 RNA 分别显示出来?

实验三　细胞膜的通透性和细胞的吞噬活动观察

【目的要求】

1. 加深理解细胞膜的通透性和吞噬功能。
2. 培养学生观察细胞生理活动的能力。
3. 熟悉小鼠腹腔注射和颈椎脱臼处死方法。

【实验用品】

1. 材料：兔血、鸡血、小白鼠
2. 器材：显微镜、载玻片、盖玻片、解剖剪、镊子、吸水纸、擦镜纸、注射器、吸管、移液管(5 mL、1 mL)、洗耳球、试管架、试管、记号笔
3. 试剂：肝素(500 U/mL)、6%淀粉肉汤(含台盼蓝)、生理盐水、蒸馏水、0.17 mol/L 氯化钠、0.17 mol/L 氯化铵、0.17 mol/L 硝酸钠、0.12 mol/L 草酸铵、0.32 mol/L 葡萄糖、0.32 mol/L 乙醇、1%鸡红细胞悬液、10%兔血

【内容与方法】

(一)小白鼠腹腔巨噬细胞吞噬活动的观察

1. 实验原理

巨噬细胞具有非特异性的吞噬功能，当机体受到细菌等病原体和其他异物侵入时，巨噬细胞将向病原体或异物游走，当接触到病原体或异物时，伸出伪足将其包围并进行内吞作用，将其吞入细胞，形成吞噬泡，进而初级溶酶体与吞噬泡发生融合，将病原体或异物消化分解掉。

2. 操作步骤

(1)在实验前两天，每日给小白鼠腹腔注射 6%淀粉肉汤 1 mL(由教师完成)。

(2)实验时，每组取上述小白鼠一只，腹腔注射1%鸡红细胞悬液 1 mL，25 min 后再腹腔注射 1 mL 生理盐水，3 min 后，用颈椎脱臼法(图 3-1，一手拇、食指夹住头部，另一手夹住尾巴用力一拉即可)处死小鼠。

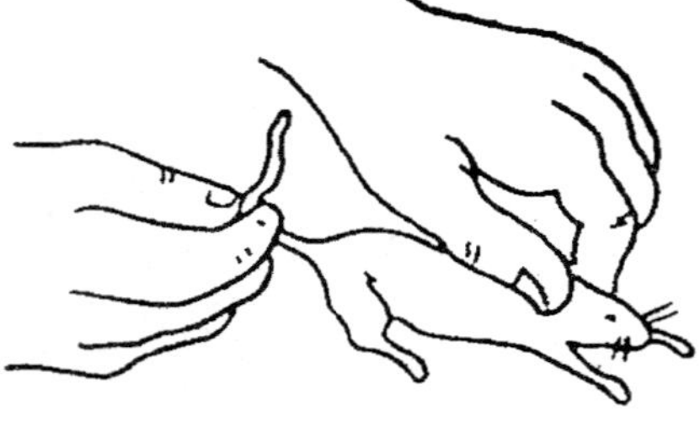

图 3-1　小鼠的颈椎脱臼处死法

(3)剖开小鼠腹腔，用注射器取腹腔液 1～2 滴滴于载玻片上，盖上盖玻片，进行观察。

3. 结果与观察

在高倍镜下可见许多体积较大的圆形或形状略不规则的巨噬细胞，其胞质中含有数量不等的淡蓝色小颗粒(即是吞入的含台盼蓝的淀粉颗粒)，还可见一些黄色椭圆形有核的鸡红细胞。慢慢移动标本，仔细观察视野中的巨噬细胞，可看到巨噬细胞吞噬鸡红细胞过程的不同阶段(有的鸡红细胞紧附在巨噬细胞表面，有的红细胞已被部分吞入，有的红细胞整个被吞入，形成吞噬泡)。

(二)溶血作用与红细胞的通透性

1. 实验原理

红细胞通过细胞膜能与周围环境进行有选择性的物质交换。将红细胞置于各种等渗溶液中，由于红细胞对各种物质的通透性不同，有的溶质分子可以透入，有的溶质分子不能透入，能透入的溶质，其透入速度也不同。当溶质分子透入红细胞使胞质内溶质浓度增加时，导致水分的摄入，当红细胞膨胀到一定程度时细胞膜破裂，发生溶血(溶血就是浓密的不透明的红细胞悬液突然变成红色透明的血红蛋白溶液的过程)。此法已被广泛用于测量各种分子相对通透速度的指标。

2. 操作步骤与结果观察

以 2 人为小组进行实验，在实验过程中要注意查看实验台上各种试剂的标签；取样用的移液管切勿混淆；所用的试管应编号，以保证实验结果准确。

(1)先轻摇一下盛有制备好的 10％兔血细胞悬液的试管，观察悬液的特点：为一种不透明的红色液体。

(2)观察溶血现象。

取试管一支加 1 mL 兔红细胞悬液，再加 3 mL 蒸馏水，注意观察溶液的颜色变化，可见溶液由不透明的红色变为透明的澄清液(此时透过溶液可读出书报上的字，即已发生溶血)。

(3)观察兔红细胞对各种物质的通透性。

①取试管一支，加入 1 mL 兔红细胞悬液，再加入 3 mL 0.17 mol/L 氯化钠，摇匀，注意观察是否发生溶血。

②取试管一支，加入 1 mL 兔红细胞悬液，再加入 3 mL 0.17 mol/L 氯化铵，注意观察是否发生溶血现象；若发生溶血，记下溶血时间(即自加入 3 mL 氯化铵到溶液变成红色透明所需的时间)。

③分别将下列四种等渗溶液，按上述方法分别进行实验并观察记录结果。

0.32 mol/L 葡萄糖，0.17 mol/L 硝酸钠，0.32 mol/L 乙醇，0.12 mol/L 草酸铵

【作业】

1. 列表总结红细胞通透性实验结果(项目：编号、溶液种类、是否溶血、溶血时间)，并加以分析。

2. 绘制小鼠腹腔巨噬细胞吞噬鸡红细胞过程图。

【思考题】

细胞吞噬活动对动物和人体有何意义？

实验四 细胞核和线粒体的分离与鉴定

【目的要求】

1. 了解差速离心法分级分离细胞组分的原理。

2. 掌握离心机、匀浆器的使用方法。

【实验用品】

1. 材料:小白鼠

2. 器材:玻璃匀浆器、普通离心机、台式高速离心机、普通天平、光学显微镜、载玻片、盖玻片、吸管、离心管、Eppendorf 管、10 mL 量筒、25 mL 烧杯、培养皿、解剖剪、镊子、吸水纸、纱布、牙签、记号笔

3. 试剂:0.9%氯化钠溶液、0.25 mol/L 蔗糖溶液(含 0.003 mol/L 氯化钙)、甲基绿—哌罗宁混合液、95%乙醇、0.02%詹纳斯绿 B 染液、冰块

【内容与方法】

1. 实验原理

细胞内不同结构的比重和大小都不相同,在同一离心场内的沉降速度也不相同,根据这一原理,常用不同转速的离心法,将细胞内各种组分分级分离出来。

差速离心法是研究亚细胞成分的化学组成、理化特性及其功能的重要手段,此方法主要分为匀浆、分级分离和分析三个步骤。

(1)匀浆(homogenization):指破坏细胞,使细胞内各种细胞器和包含物保持完整并释放到介质中的过程。材料性质不同,所需的匀浆介质不同。将需匀浆的组织放在匀浆器中,加入已预冷的等渗匀浆介质进行研磨,使之成为浆状。

(2)分级分离(fractionation):将细胞匀浆液进行离心,分离细胞各组分。有差速离心法和密度梯度离心法两种。

差速离心法 由低速到高速,逐渐沉降。先用低速,使较大的颗粒沉淀,再用较高的转速,将浮在上清液中的较小颗粒沉淀下来,从而使各种细胞结构,如细胞核、线粒体等得以分离。由于样品中各种大小和密度不同的颗粒在离心开始时是均匀分布在整个离心管中的,所以每级离心得到的第一次沉淀必然带有一定的杂质,因此须反复悬浮、离心加以纯化。

密度梯度离心法 使介质分为不同的层次,从上到下浓度依次增加,细胞匀浆液放在离心管的最上层,离心时不同大小、不同形状、不同比重的颗粒,由于它们的沉降系数不同就会以不同的速度向管下移动,分别集中在不同的相应浓度的介质区域,从而可以分别收集。

(3)分析:分级分离得到的组分,可用细胞化学和生化方法进行形态和生化鉴定。

2. 操作步骤

(1)细胞核的分离

①取饥饿 24 h 的小白鼠，颈椎脱臼法处死，迅速剖开腹部取出肝脏，剪成小块(去除结缔组织)，尽快置于盛有冰冷 0.9%氯化钠溶液的烧杯中，反复洗涤，除去血污，用滤纸吸去表面的液体。

②将湿重约 1 g 的肝组织放在小平皿中，用量筒量取 4 mL 预冷的 0.25 mol/L 蔗糖溶液，加至平皿中，尽量剪碎肝组织。

③剪碎的肝组织倒入匀浆管中，使匀浆器下端浸入盛有冰块的器皿中，左手持之，右手将匀浆捣杆垂直插入管中，上下转动研磨数次，使肝组织匀浆化(浆糊状)，用 3 层纱布过滤匀浆液于离心管中，另取 4 mL 预冷的 0.25 mol/L 蔗糖溶液洗涤匀浆管后，过滤于离心管中，然后制备一张涂片，做好标记，自然干燥。

④将装有滤液的离心管在天平上配平后，放入普通离心机，以 2500 rpm(约 1000 g 离心力，下同)，离心 10 min，缓缓取上清液，移入高速离心管中，装满，保存于有冰块的烧杯中，待分离线粒体用，同时涂一张上清液片，做好标记，自然干燥；弃多余的上清液，余下的沉淀物进行下一步骤。

⑤用 5 mL 0.25 mol/L 蔗糖溶液悬浮沉淀物，以 2500 rpm 离心 10 min，弃上清，加 0.5 mL 蔗糖溶液，将沉淀用吸管吹打成悬液，制备一张沉淀涂片，自然干燥。

⑥将以上制备的三张涂片用 95%乙醇固定 5 min，自然晾干，用甲基绿－哌罗宁混合液染色 20 min，流水冲洗净，用吸水纸吸去多余的水分，晾干。

⑦ 在显微镜下观察，比较分析三张涂片的结果。

(2)高速离心分离线粒体

①将装有上清液的高速离心管，从装有冰块的烧杯中取出，配平后，对称地放入高速离心机，以 14000 rpm(约 10000g 离心力，下同)离心 10 min，弃上清，留取沉淀物。如沉淀表面有一浅色的疏松层(它是由损伤和膨胀的线粒体组成的)，则应连同上清液一起小心地吸去。

②先加入 0.25 mol/L 蔗糖溶液至高速离心管高度一半，用吸管吹打成悬液，再补满，预冷，配平，以 14000 rpm 离心 10 min，将上清液吸入另一试管中，留取沉淀物，加入 0.1 mL 0.25 mol/L 蔗糖溶液混匀成悬液(可用牙签搅拌)。

③取两张干净载玻片，各滴上两滴 0.02%詹纳斯绿 B 染液，一张滴一滴上清液，另一张滴一滴沉淀物悬液，用牙签混匀，染色 5 min，加盖玻片，高倍镜或油镜下观察。颗粒状的线粒体被詹纳斯绿 B 染成蓝绿色。

【作业】

列表比较各观察涂片的预期结果与实验结果。

【思考题】

1. 细胞内各组分如何分离？分离原理是什么？

2. 差速离心法和密度梯度离心法有何不同？

实验五　细胞器的微观和亚微观结构观察

【目的要求】

1. 熟悉光学显微镜下细胞器的形态结构。
2. 了解显示线粒体(mitochondria)、高尔基复合体(Golgi complex)的超活染色原理。
3. 了解电子显微镜下细胞各部亚微观结构的特点。
4. 掌握细胞和细胞器大小的测定方法。

【实验用品】

1. 材料:蟾蜍胸骨剑突、人口腔黏膜上皮细胞
2. 器材:显微镜、载玻片、盖玻片、消毒牙签、吸水纸、解剖镊、解剖剪、细胞的电镜复制照片、目镜测微尺
3. 试剂:乙醚、1/3000 中性红染液、0.7%生理盐水、中性红—詹纳斯(Janus)绿染液

【内容和方法】

(一)细胞器的制片和观察

1. 线粒体的制片和观察

(1)实验原理

超活染色法是指从活的生物体分离部分细胞和组织,使之保持其生活状态,然后用活体染色剂进行染色的一种方法。詹纳斯绿染液可专一地对线粒体进行超活染色。由于线粒体内有细胞色素氧化酶系存在,它能使詹纳斯绿保持氧化状态(即有色状态)而呈现淡蓝绿色,线粒体周围的细胞质中的詹纳斯绿染液被还原成无色化合物。当用中性红－詹纳斯绿混合染液进行双重超活染色后,能使线粒体显示得更为清楚。

(2)操作步骤与结果观察

用滴管吸取中性红—詹纳斯绿染液滴于载玻片上,用牙签轻轻刮取少量口腔上皮细胞,均匀混合于染液中染色 15 min,盖上盖玻片并吸去多余的染液,在高倍镜下观察,可见细胞核呈红色,细胞质中有很多呈浅绿色的颗粒、棒状体或线状体,即为线粒体。

2. 高尔基复合体的制片和观察

(1)实验原理

中性红是液泡系特殊的活体碱性染料,一方面它具有溶解类脂的特性,容易浸润、穿越细胞膜类脂双分子层而进入细胞内;另一方面,中性红染料分子(胶粒)表面带有阳离子,可彼此吸引,使中性红的胶粒被固定堆积于液泡内而被染色。

(2)操作步骤

将蟾蜍处死,剪取胸骨剑突最薄的部分一小块放置于载玻片上的1/3000中性红染液中,染色5~10 min,然后用吸管吸去中性红染液,滴加0.7%生理盐水少许,盖上盖玻片后在高倍镜下观察(高倍镜下软骨细胞为椭圆形,呈致密排列)。可以看到,细胞核染成淡红色,在细胞核的上方有许多被染成玫瑰红的大小不一的液泡,即为高尔基液泡,这一特定的区域叫高尔基区,其中的小液泡呈深红色,中液泡呈橙红色,大液泡则不着色。

(二)观察各种细胞器的亚显微结构电镜照片

观察和认识细胞的细胞膜、线粒体、内质网、高尔基复合体、溶酶体、核膜、核仁、染色质和染色体、核孔、核蛋白体、微管、微丝、中心粒等细胞器的超微结构。

(三)示教观察

猫脊髓横切片(示尼氏小体——密集的核蛋白体和粗面内质网)。

(四)细胞与细胞器大小的测量

1. 在各个不同倍数的物镜下,用镜台测微尺标定目镜测微尺每格的长度(详见本实验附录二)。

2. 用目镜测微尺的刻度衡量物体的格数,再乘以每格微米数,即为物体的实际长度。在测量同一被检物体时,要量3~5次以上而取其平均值。

3. 如用高倍镜测量时,注意将被检物体移放在视野的中央,因为在这个位置上镜像最清晰,像差也最小,可减少测量误差。

4. 根据测量结果计算被检物体的体积(V),公式如下:

椭圆形 $V=\frac{4}{3}\pi ab^2/3$ (a 为长半径,b 为短半径)

圆球形 $V=\frac{4}{3}\pi R^3$ (R 为半径)

【作业】

1. 绘制以詹纳斯绿染液染色的人口腔黏膜上皮细胞图,示线粒体、细胞核等。
2. 绘制经中性红染色的蟾蜍软骨细胞图,示高尔基区。

【思考题】

1. 在光学显微镜下看到的细胞结构和电子显微镜下看到的细胞结构有什么区别?
2. 在实验中为什么我们所观察到的往往只有某一种细胞器分布在细胞质中?为什么所见的形态结构与亚显微结构不同?
3. 试列表总结你看见的各细胞器的亚显微结构,它们各有何功能?

附录一　电子显微镜简介

电子显微镜(electron microscope)对细胞生物学的发展起了巨大的作用,是研究细胞生物学不可缺少的手段。近20年来,由于电镜制片技术的进步,对细胞的亚显微结构及其与功能的关系的了解有了很大进展。

电子显微镜的结构与光学显微镜比较，首先不同的是用电子束代替照明的光源。因为电子流具有波动的性质，并且电子流的波长远比光波的波长短，所以电镜的分辨力比光学显微镜显著提高(一般能达到 2～4 Å 左右)。

其次，电镜使用的是电子透镜，而不是光学透镜。电子透镜不是肉眼可见的物质透镜，它由磁或电所形成的磁场或电场的局部空间来起到透镜的作用。电子透镜共有三组，分别起类似光学显微镜的聚光镜、物镜和目镜的作用。

第三个重要区别是成像原理的不同。在电镜中，透过被检物的电子束打到荧光屏上，电子能转换成光能，成为我们肉眼可观察的映象，同时也可让电子束投射到感光板上，拍摄被检物相片。其成像原理是标本中不同结构中的原子与电子束发生碰撞后，造成电子散射角度不同，使荧光屏上的电子强度也相应不同，而形成了电子像的浓淡。

电镜由电子光学系统、真空系统和供电系统三大部分组成。电子光学系统是电镜的主体，对于成像和成像的质量起着决定性的作用，由电子枪、聚光管、样品室、中间镜、投影镜及荧光屏等部分构成。真空系统主要是使镜筒内保持高度真空，以免高速电子与残余原子发生碰撞引起电离放电或电子散射等现象而影响观察效果或发生故障，它是通过机械泵和扩散泵接力抽真空来实现的。供电系统主要是提供一定的稳定的电源，它包括高压系统、各透镜的稳压电源及真空电源系统等。

附录二　目镜测微器(尺)的标定

在显微镜下测定标本的大小，必须在目镜上配制目镜测微器(尺)。目镜测微器(尺)是一圆形小玻片，上面刻有 50 等分的刻度(图 5-1)，这种刻度只代表相对长度(没有绝对值)，所以在测量标本的大小时，首先要在各个不同倍数的物镜下对镜台测微器(尺)进行标定，这样才能获得真实长度。

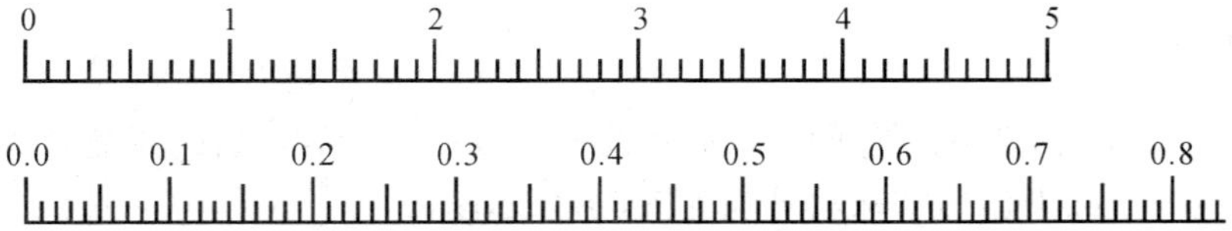

图 5-1　目镜测微器(上)和镜台测微器(下)

操作步骤：

①将镜台测微器置于载物台中央，用低倍镜观察，找出镜台测微器的刻度。

②将目镜测微器装进目镜中，按常规操作找到镜台测微器，再移动镜台测微器，使两尺重叠，刻度相互平行，零点对齐，仔细观察并记录目镜测微器的全长所对应的镜台测微器中的毫米数。

③如在低倍镜下所标定的目镜测微器的全长为 0.685 mm，由于目镜测微器全长为 50 小格，故每小格的长度为：

0.685 mm/50 格＝0.0137 mm/格＝13.7 μm/格

④用同样的方法测定其他物镜，以标定目镜测微器每格的绝对长度，分别记录下来。

⑤用已标定的每格绝对长度再去测量标本的大小。注意：每台显微镜应用时，都必须逐个标定。

实验六　小鼠骨髓细胞染色体的制备

【目的要求】

1. 了解小鼠染色体的形态和数目。
2. 掌握动物染色体标本制备的基本方法及原理。

【实验用品】

1. 材料:小白鼠
2. 器材:解剖盘、解剖剪、大小镊子、止血钳、吸管、离心管、记号笔、试管架、天平、小玻璃瓶、离心机、恒温水浴箱、量筒、预冷载玻片、酒精灯、显微镜、香柏油、二甲苯、擦镜纸、小块纱布
3. 试剂:200 μg/mL 秋水仙素、0.075 mol/L 氯化钾低渗溶液、甲醇—冰乙酸(3∶1)固定液、pH7.5 磷酸缓冲液、Giemsa 原液、生理盐水

【内容与方法】

1. 实验原理

染色体(chromosome)在间期细胞中见不到,它只在分裂细胞中出现。因此从理论上讲,任何处于分裂状态的细胞都可以作为染色体标本制备的材料。染色体在分裂中期是最典型的。用适量的秋水仙素溶液注入动物体内,可抑制分裂细胞纺锤体的形成,使分裂终止在中期,积累大量的中期细胞,再通过常规的制片方法,可获得动物染色体标本。

2. 操作步骤

(1)注射秋水仙素:选择体重 18～20 g 的健康小白鼠,在实验前 3～4 h 腹腔注射秋水仙素(2 μg/每克体重)(由实验技术人员完成)。

(2)取股骨:用颈椎脱臼法处死小白鼠,从背部剪开后肢皮肤和肌肉,取出完整的股骨(从髂关节至膝关节),然后剔除肌肉、肌腱,用生理盐水洗净(剔除肌肉时用小块干纱布擦拭)。

(3)收集细胞:将股骨放入含 5 mL 生理盐水的小玻璃瓶内,用止血钳充分夹碎,再用滴管充分吹打,静置片刻,吸取上清液(为细胞悬液),移入离心管,1500 rpm(约 500g 离心力,下同)离心 8 min,吸去上清液,留底部沉淀细胞。

(4) 低渗处理:加入预热的 37℃低渗溶液氯化钾 6mL,用吸管轻轻吹打混匀,置 37℃恒温水浴中,保温 20 min 后取出,加入 1 mL 新配的甲醇—冰乙酸(3∶1)固定液预固定,混匀后静置片刻,1500 rpm 离心 8 min。

(5) 固定:离心后,弃上清液,留下 0.5 mL 沉淀物,沿管壁慢慢加入 5 mL 新配固定液,

用吸管轻轻吹打，使其混匀，室温下静置固定 20 min，1500 rpm 离心 8 min。

(6)再固定：同(5)(因时间关系，此项可省略)。

(7)制备细胞悬液：吸去上清液，加入 0.3～0.5 mL 新配固定液(视沉淀物多少定)，混匀，制成细胞悬液。

(8)滴片：用吸管吸取细胞悬液少许，在离载玻片 30 cm 高度滴 2 滴于载玻片上（必须干净，并制成冰片），立即顺玻片斜面用口轻轻吹散，再在酒精灯火焰上微烤，晾干或酒精灯火焰干燥微烤。

(9)染色：滴几滴 Giemsa 工作液（Giemsa 原液用磷酸缓冲液 1∶10 稀释，临用前稀释）于标本上铺匀，染色 5～10 min，流水冲洗，晾干。

3. 结果与观察

将标本置于低倍镜下观察，可见有较大的圆形间期细胞核。寻找染色体分散良好的中期分裂相，移至视野中央，然后转高倍镜观察，小白鼠染色体形态一般呈“U”形，都为近端着丝粒染色体（acrocentric chromosome)(图 6-1)。染色体数 $2n=40$，分成四组。

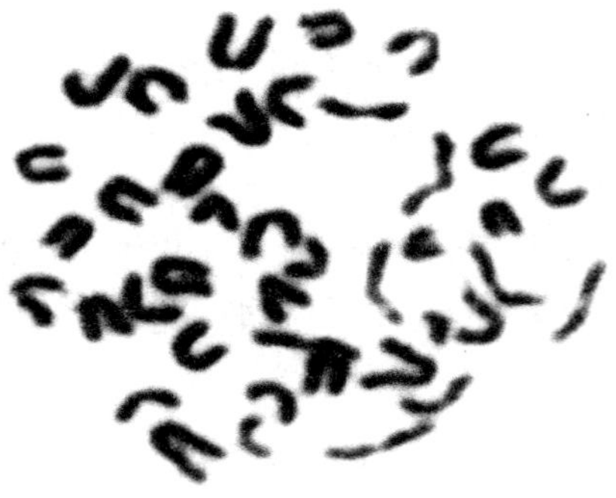

图 6-1 小白鼠骨髓细胞染色体

【作业】

1. 上交一张小白鼠染色体玻片标本。
2. 根据所观察的实验结果，分析原因、总结经验。

【思考题】

1. 制备染色体标本时，用秋水仙素和 0.075 mol/L 氯化钾的作用是什么 ？
2. 制片过程中，为什么要进行固定？

实验七　细胞分裂

【实验目的】

掌握动、植物细胞有丝分裂及生殖细胞减数分裂的基本过程及各期的形态特征。

【实验用品】

1. 材料：洋葱根尖纵切片、马蛔虫子宫切片、蝗虫精巢精细管压片标本、减数分裂多媒体图片

2. 器材：显微镜、擦镜纸

【内容和方法】

(一)细胞有丝分裂的观察

1. 实验原理

细胞有丝分裂(mitosis)过程是一系列复杂的核变化，如染色体和纺锤体的出现，以及它们平均分配到每个子细胞的过程。该过程可以分为间期和分裂期，分裂期又分为前、中、后、末四个时期。

马蛔虫受精卵细胞只有6条染色体，洋葱体细胞只有16条染色体，由于它们都具有染色体数目少的特点，所以常用于观察和分析细胞分裂过程。

2. 标本观察

(1)植物细胞有丝分裂的观察——洋葱根尖切片

先在低倍镜下观察洋葱根尖切片标本，找到生长区。洋葱根尖由尖端向上，可分为根冠区、生长区、延长区和根毛区四个区域(图7-1)。

生长区细胞略呈方形，排列紧密，染色较深。此区细胞大多处于分裂状态，易于见到许多处于不同分裂期的细胞(图7-2)。

换高倍镜仔细观察不同分裂时期的细胞形态特征(图7-3)。

①间期(interphase)

细胞准备分裂的时期。细胞具有细胞壁、细胞质和明显的细胞核，核内可见1～3个深蓝色呈球状的核仁，核内染色质均匀分布，交织成细网状结构。由于染色质易与碱性染料结合，故细胞核的颜色较细胞质为深。

②分裂期(mitosis)

前期(prophase)：细胞核膨大，核内的染色质浓缩，螺旋化形成纤细而弯曲的染色丝，再进一步缩短变粗盘曲成具有一定形态的染色体，染色体包含两条并列的染色单体(光镜下一般不易看清)。前期末，核膜破裂，核仁缩小消失。

中期(metaphase):从细胞膜消失到有丝分裂器形成的全过程。每条染色体分开成两条染色单体,但在着丝粒处仍联在一起(光镜下可见)。此期典型的特征是所有的染色体的着丝粒都排列在"赤道"面上构成赤道板。由于细胞切面不同,此期有侧面观和极面观的两种不同现象,侧面观染色体排列在细胞中央,纺锤丝与染色体着丝点相联;极面观所有染色体平排于赤道面上。

后期(anaphase):着丝粒纵裂为二,姐妹染色单体彼此分离,各自被纺锤丝拉向细胞两极,形成两组染色体(每组内各有染色体 16 条)。

末期(telophase):染色体移到两极后开始解螺旋成为染色质。细胞中部出现细胞板,核膜、核仁出现,细胞板最后形成细胞壁,一个细胞变为两个子细胞,子细胞进入间期状态。

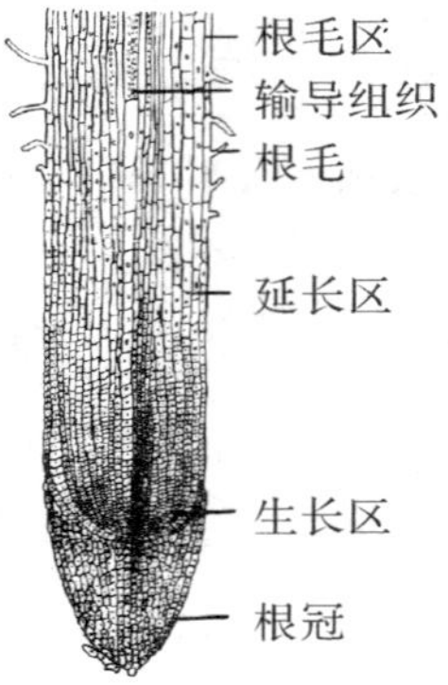

图 7-1 洋葱根尖纵切面

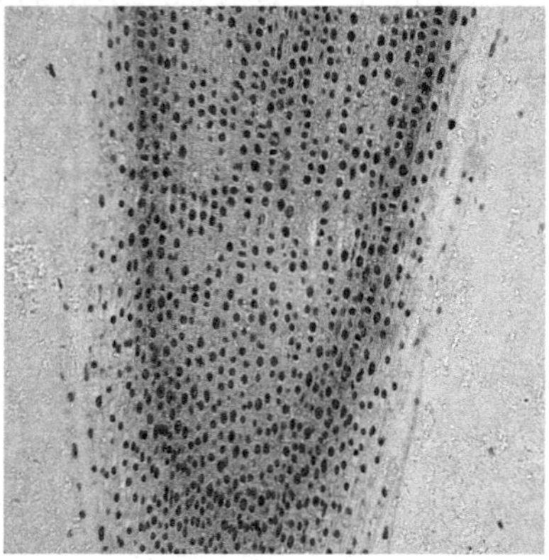

图 7-2 洋葱根尖纵切面(示生长区)

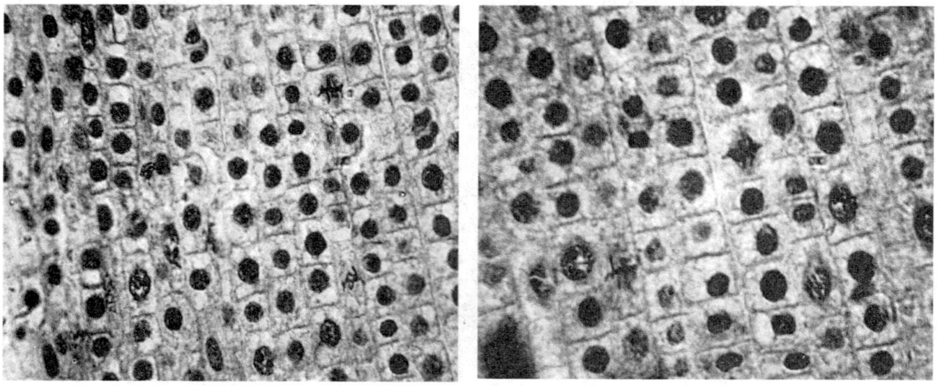

图 7-3 洋葱根尖生长区细胞有丝分裂的各期

(2)动物细胞有丝分裂的观察——马蛔虫子宫切片

取马蛔虫的子宫切片标本,先在低倍镜下观察,可见马蛔虫子宫腔内有许多椭圆形的受精卵细胞,它们均处在不同的细胞时相。每个受精卵细胞外围有一层很厚但染色极淡的受精膜,受精膜内有卵壳。卵壳与卵细胞之间的腔,叫卵壳腔。细胞膜的外面或卵壳的内面可见有极体附着。寻找和观察处于分裂间期和有丝分裂不同时期的细胞形态变化,并转换高倍镜仔细观察(图 7-4)。

(1)间期

细胞质内有两个近圆形的细胞核，一为雌原核，另一为雄原核，两个原核形态相似不易分辨。核内染色质分布比较均匀，核膜、核仁清晰可辨。细胞核附近存在中心粒。

(2)分裂期

前期　雌、雄原核相互趋近，染色质逐渐浓缩变粗、核仁消失，最后核膜破裂、染色体相互混合，两个中心粒分别向细胞两极移动，纺锤体开始形成。

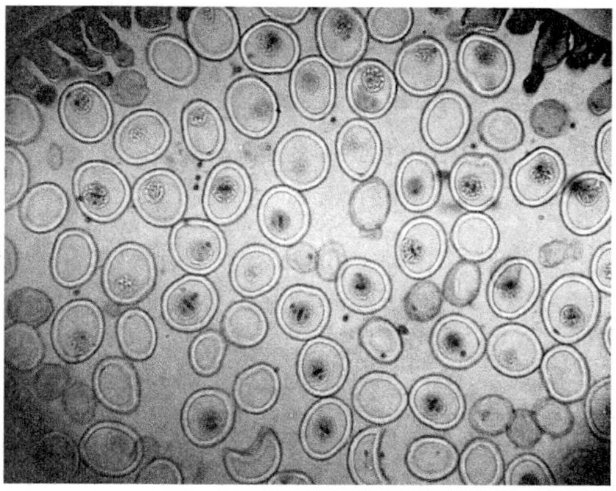

图 7-4　马蛔虫受精卵细胞有丝分裂
(马蛔虫子宫切片)

中期　染色体聚集排列在细胞的中央形成赤道板，侧面观染色体排列在细胞中央，两极各有一个中心体，中心体之间的纺锤丝与染色体着丝点相连；极面观六条染色体平排于赤道面上，清晰可数，此时的染色体已纵裂为二，但尚未分离。

后期　纺锤丝变短，纵裂后的染色体被分离为两组，分别移向细胞两极，细胞膜开始凹陷。

末期　移向两极的染色体恢复染色质状态，核膜、核仁重新出现，最后细胞膜横缢，两个子细胞形成。

(二)蝗虫精巢减数分裂压片标本的观察

1. 实验原理

减数分裂(meiosis)是配子发生过程中的一种特殊有丝分裂，即染色体复制一次，而细胞连续分裂两次，结果使染色体数目减半的过程。减数分裂体现了遗传三定律，在稳定种的遗传性状和繁殖中均起着重要作用。

蝗虫精巢取材方便，标本制备方法简单，染色体数目较少。蝗虫初级精母细胞染色体数 $2n=22+X$，经过减数分裂形成四个精细胞，每个精细胞的染色体数为 $n=11+X$ 或 $n=11$(注：蝗虫的性别决定与人类不同，雌性有两条X染色体、雄性为XO，即只有一条X染色体，没有Y染色体)，一般多采用它来研究观察减数分裂时的染色体形态变化。

2. 标本观察

蝗虫精巢由多条圆柱形的精细管组成，每条精细管由于生殖细胞发育阶段的差别可分成若干区(增殖区、生长区、分裂区、成熟区、变形区)。精原细胞、精母细胞、精细胞及精子分别依次位于从游离端到开放端的各相应发育阶段的区域内(图 7-5)。

①精原细胞(spermatogonia)　位于精细管的游离端，胞体较小，通过有丝分裂来增殖，其染色体较粗短、染色较浓。

②初级精母细胞(primary spermatocyte)　由精原细胞经过长期发育而成。从初级精母细胞到次级精母细胞的分裂为减数分裂Ⅰ(meiotic division Ⅰ)，分前期Ⅰ、中期Ⅰ、后期Ⅰ、末期Ⅰ。

前期Ⅰ(prophase Ⅰ)：最有特征性，核的变化复杂。依染色体变化，又可分为下列各期：

细线期(leptotene stage)：染色体呈细长的丝，称为染色线，弯曲绕成一团，排列无规则。染色线上有大小不一的染色粒，形似念珠，核仁清楚。

偶线期(zygotene stage):同源染色体开始配对,同时出现极化现象,各以一端聚集于细胞核的一侧,另一端则散开,形成花束状。

粗线期(pachytene stage):同源染色体联会完成,缩短成较粗的线状,称为双价染色体二阶体,因其由四条染色单体组成,又叫四分体。相邻的两条非姐妹染色单体的交换发生在此期。

双线期(diplotene stage):染色体缩得更短,同源染色体开始有彼此分开的趋势,但因两者相互绞缠,有多点交叉,所以这时的染色体呈现麻花状。

终变期(diakinesis):染色体更为粗短,形成Y、V、O、X等形状,终变期末核膜、核仁消失。

中期Ⅰ(metaphase Ⅰ):核膜和核仁消失,纺锤体形成,双价染色体排列于赤道面,着丝点与纺锤丝相连。这时的染色体群居细胞中央,侧面观呈板状,极面观呈空心花状。

后期Ⅰ(anaphase Ⅰ):由于纺锤丝的解聚变短,同源的两条染色体彼此分开,分别向两极移动,但每条染色体的着丝粒尚未分裂,故两条姐妹染色单体仍连在一起同去一极。

末期Ⅰ(telophase Ⅰ):移动到两极的染色体,呈聚合状态,并解旋,同时核膜形成,胞质也均分为二,即形成两个次级精母细胞,这时每个新核所含染色体的数目只是原来的一半。

③次级卵母细胞　经过短暂的间期,染色体形态不变,进入减数分裂Ⅱ(meiotic division Ⅱ)。减数分裂Ⅱ类似一般的有丝分裂,但从细胞形态上看,可见胞体明显变小,染色体数目减少。

前期Ⅱ(prophase Ⅱ):末期Ⅰ的细胞进入前期Ⅱ状态,每条染色体的两个单体显示分开的趋势,染色体花瓣状排列,使前期Ⅱ的细胞呈实心花状。

中期Ⅱ(metaphase Ⅱ):纺锤体再次出现,染色体排列于赤道面。

后期Ⅱ(anaphase Ⅱ):着丝粒纵裂,每条染色体的两条单体彼此分离,各成一子染色体,分别移向两极。

末期Ⅱ(telophase Ⅱ):移到两极的染色体分别组成新核,新细胞的核具单倍数(n)的染色体组,胞质再次分裂。这样,通过减数分裂Ⅱ,每个次级精母细胞形成了两个精细胞。这样,从初级精母细胞开始,经减数分裂,形成四个精细胞。

④精细胞(spermatia)　形态与间期细胞相似,体积小,核大,胞质少。

⑤精子(sperm)　精细胞经过变态,逐步形成能活动的精子。精子结构可分为头部、中部和尾部。头部为细胞核存在部位,经圆形、椭圆形、长梭形的变化,最后呈针形;中部极短,含一中心粒;尾部细长,呈鞭毛状。

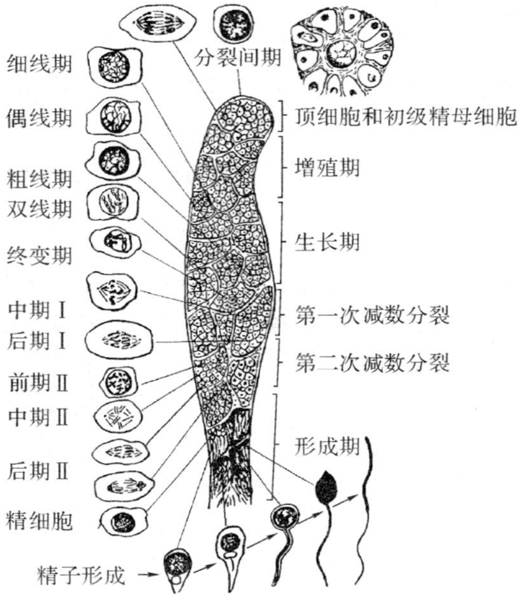

图7-5　蝗虫精巢细胞减数分裂过程

【作业】

1. 绘制洋葱根尖有丝分裂中期、后期的图像。
2. 绘制蝗虫精巢精子形成的减数分裂Ⅰ的前期Ⅰ中粗线期和终变期的图像。

【思考题】

1. 说明动植物细胞有丝分裂的区别。
2. 比较有丝分裂与减数分裂过程的异同点。

实验八 动物细胞的原代培养和传代培养

【目的要求】

1. 了解细胞的原代培养与传代培养基本原理。
2. 初步掌握培养过程中的无菌操作技术。
3. 初步掌握动物细胞的原代培养与传代培养的基本操作过程。

【实验用品】

1. 材料和标本:新生乳鼠、HeLa 细胞(人宫颈癌细胞)

2. 器材:解剖剪、解剖镊、眼科剪、眼科镊、平皿、培养瓶、吸管、橡皮吸头、离心管、酒精灯、烧杯、超净工作台、二氧化碳培养箱、倒置相差显微镜、普通显微镜、血细胞计数板、无菌服、口罩、帽子等

3. 试剂:RPMI 1640 培养液(含有 10%小牛血清和青霉素、链霉素)、0.25% 胰蛋白酶/0.02% EDTA 混合消化液、75%乙醇、Hanks 液

【内容与方法】

一、原代细胞培养

(一)实验原理

细胞培养(cell culture)是指模拟机体内生理条件,将细胞从机体中取出,在人工条件下使其生存、生长、繁殖和传代的方法和过程。当前,细胞培养技术广泛应用于分子生物学、遗传学、免疫学、肿瘤学、细胞工程等领域,已发展成一种重要的生物技术,并取得显著成果。由体内直接取出组织或细胞进行培养叫原代培养。原代培养细胞离体时间短,性状与体内相似,适用于研究。一般说来,幼稚状态的组织和细胞,如动物的胚胎、幼仔的脏器等更容易进行原代培养。

(二)操作步骤

1. 取材

用颈椎脱臼法使乳鼠迅速死亡,然后,把整个动物浸入盛有 75%乙醇的烧杯中数秒钟消毒,取出后放在大平皿中携入超净台。用碘酒和乙醇再次消毒,用消毒过的剪刀剪开皮肤,剖腹取出肝脏或肾脏,置于无菌平皿中。

2. 切割

用灭菌的 PBS 液将取出的脏器清洗三次,然后用眼科手术剪刀仔细将组织剪碎成 1 mm^3 左右的小块,再用 PBS 清洗,直到组织块发白为止;移入无菌离心管中,静置数分钟,使

组织块自然沉淀到管底,弃去上清。

3. 消化

吸取0.25%胰蛋白酶/0.02% EDTA混合消化液1 mL,加入离心管中,与组织块混匀后,加上管口塞子,37 ℃水浴中消化8～10 min,每隔几分钟摇动一下离心管,使组织与消化液充分接触,然后,在超净台内向试管中加PBS 2～3 mL,用吸管反复吹打,制成细胞悬液。

4. 接种培养

将制成的细胞悬液1000 rpm(约300g离心力)离心5 min,弃去上清液,向离心管中加3 mL含有10%小牛血清的RPMI 1640培养基,用吸管吹打将细胞混匀后,移入培养瓶中,置于二氧化碳培养箱中培养。

(三)结果与观察

一般情况下,细胞接种后几小时内就能贴壁并开始生长。如接种的细胞密度适宜,5～7天即可形成单层。

二、传代细胞培养

(一)实验原理

体外培养的原代细胞(或细胞株)要在体外持续地培养就必须传代,以便获得稳定的细胞株或得到大量的同种细胞,以维持细胞种的延续。培养的细胞形成单层并会合以后,由于密度过大、生存空间不足易引起营养枯竭,这时可将培养细胞分散,从容器中取出,以1∶2或1∶3以上的比率转移到另外的容器中进行培养,此即为传代培养。

细胞"一代"指从细胞接种到分离再培养的这一段期间。它与细胞世代或倍增不同,在一代中,细胞能倍增3～6次。细胞传一代后,一般经过三个阶段:游离期、指数增生期和停止期。

常用细胞分裂指数,即细胞分裂相数/100个细胞表示细胞增殖的旺盛程度。一般细胞分裂指数介于0.2%～0.5%,肿瘤细胞可达3%～5%。细胞接种2～3天分裂增殖旺盛,是活力最好时期,称指数增生期(对数生长期),在此期适宜进行各种试验。

(二)操作步骤

1. 将长成单层的原代培养细胞或HeLa细胞从二氧化碳培养箱中取出,在超净工作台中倒掉瓶内的培养液,加入少许消化液(以液面盖住细胞为宜),静置5～10 min。

2. 在倒置镜下观察被消化的细胞,如果细胞变圆,相互之间不再连接成片,这时应立即在超净台中将消化液倒掉,加入3～5 mL新鲜培养液,吹打,制成细胞悬液。

3. 将细胞悬液吸出2 mL左右,加到另一个培养瓶中并向每个瓶中分别加3 mL左右培养液,盖好瓶塞,送回二氧化碳培养箱中,继续进行培养。

(三)结果与观察

一般情况,传代后的细胞在2 h左右就能附着在培养瓶壁上,2～4天就可在瓶内形成单层,需要再次进行传代。

三、培养器材和液体的准备及无菌操作注意事项

(一)器材和液体的准备

培养细胞用的玻璃器材,如培养瓶、吸管等,在清洗干净以后,装在铝盒和铁筒中,

120 ℃、2 h 干烤灭菌后备用;手术器材、瓶塞、配制好的PBS液用消毒锅15磅、20 min蒸汽灭菌;RPMI 1640培养液、小牛血清、消化液用G6滤器负压抽滤后备用。

(二)无菌操作中的注意事项

在无菌操作中,一定要保持工作区的无菌清洁。为此,在操作前要认真地洗手并用75%乙醇消毒。操作前20～30 min起动超净台吹风。操作时,严禁说话,严禁用手直接拿无菌的物品如瓶塞等,而要用器械,如止血钳、镊子等去拿。培养瓶要在超净台内才能打开瓶塞,打开之前用乙醇将瓶口消毒,打开后和加塞前瓶口都要在酒精灯上烧一下,操作全部要在超净台内完成,操作完毕后,加上瓶塞,才能拿到超净台外。使用的吸管在从消毒的铁筒中取出后要手拿末端,将尖端在火上烧一下,戴上胶皮吸帽,然后才可吸取液体。总之,在整个无菌操作过程中都应该在酒精灯的周围进行。

【作业】

写实验报告,记录实验过程和细胞生长状况。

【思考题】

1. 原代细胞和传代细胞培养有哪些区别?
2. 在细胞培养过程中如何达到无菌操作?

实验九　培养细胞的形态观察、计数和活性鉴定

【目的要求】

1. 了解培养中的动物细胞的一般形态和生长状态。
2. 掌握细胞计数的基本方法。
3. 掌握台盼蓝染色检测细胞活力的方法。

【实验用品】

1. 材料：培养中的 HeLa 细胞（人宫颈癌上皮细胞）、SK-BR-3（乳腺癌细胞）、HL-60 细胞（人白血病细胞）
2. 器材：倒置显微镜、血细胞计数板、普通光学显微镜、乳头吸管
3. 试剂：0.4% 台盼蓝染液、0.25% 胰蛋白酶/0.02% EDTA 混合消化液

【内容与方法】

（一）培养细胞的形态观察

1. 实验原理

体外培养的细胞主要有两种状态。一种是能贴附在培养支持物上的细胞，如 HeLa 细胞、SK-BR-3 等，叫贴壁型细胞，体外培养的细胞绝大多数都属于这种细胞；另一种细胞并不贴附在容器的壁上，而是悬浮在培养液中生长，如 HL-60，叫悬浮型细胞，这类细胞主要是血液原性或癌原性的细胞。

2. 操作步骤

(1)将细胞培养瓶从 37℃二氧化碳培养箱中取出，注意观察细胞培养液的颜色和清澈度，然后将细胞培养瓶平稳地放在倒置显微镜载物台上，此时应注意不要将瓶翻转，也不要让瓶内的液体接触瓶塞或流出瓶口。

(2)打开倒置显微镜光源，通过双筒目镜将视野调到合适的亮度。

(3)调节载物台的高度进行对焦，在看到细胞层之后，再用细调节器将物像调清楚，注意观察细胞的轮廓、形状和内部结构。在观察时，最经常使用的是 10× 物镜。

3. 结果与观察

贴壁细胞一般有两种形状，即上皮细胞形和成纤维细胞形。上皮细胞形细胞呈扁平的不规则多角形，圆形核位于中央，生长时常彼此紧密连接成单层细胞片，如 HeLa 细胞；成纤维细胞形细胞形态与体内成纤维细胞形态相似，胞体呈梭形或不规则三角形，中央有圆核，胞质向外伸出 2～3 个长短不同的突起，细胞群常借原生质突连接成网，如 NIH3T3 细胞。

贴壁细胞在生长状态良好时，胞内颗粒少，看不到有空泡，边缘清楚。培养基内看不到悬浮的细胞和碎片，培养液清澈透明。而当细胞内颗粒较多，透明度差，空泡多时，表明生长较差。当瓶内培养基混浊时，应想到细菌或真菌污染的可能。悬浮细胞当边缘清楚、透明发亮时，生长较好；反之，则较差或已死亡。由于培养基内有 pH 指示剂的存在，因此它的颜色往往可以间接地表明细胞的生长状态：呈橙黄色，HeLa 细胞一般生长状态较好；呈淡黄色时，则可能是培养时间过长，营养不足，死亡细胞过多；如呈紫红色，则可能是细胞生长状态不好，或已死亡。实际上，一种细胞在培养中的形态并不是永恒不变的，它随营养、pH、生长周期而改变，但在比较稳定的条件下其形态基本是一致的。在贴壁细胞培养中，镜下折光率高、圆而发亮的细胞一般被认为是分裂期细胞。肿瘤细胞有重叠生长的特征。

（二）培养细胞的计数及活细胞的鉴定

1. 实验原理

在细胞生物学的实验中，往往要进行活细胞的鉴定和细胞的计数，以调整细胞的密度。它是进行实验必不可少的一种基本技能。

2. 操作步骤

(1)将培养瓶中的培养液倒入干净试管中，向培养瓶中加入 0.25%胰蛋白酶/0.02% EDTA 混合消化液 1.0 mL，静置 3～5 min，待见到细胞变圆，彼此不连接为止。

(2)将试管中的培养液倒回培养瓶中，并轻轻进行吹打，制成细胞悬液。

(3)取细胞悬液 0.5 mL，加入 0.4%台盼蓝染液 0.5 mL，混合后染色 3～5 min。

(4)滴加少许已染色的细胞悬液于放有盖片的细胞计数板的斜面上，使液体自然充满计数板小室。注意不要使小室内有气泡产生，否则要重新滴加。

(5)在普通光镜 10×物镜下计数四个大格内（图 9-1，9-2）的细胞数，压线者数上不数下，数左不数右。

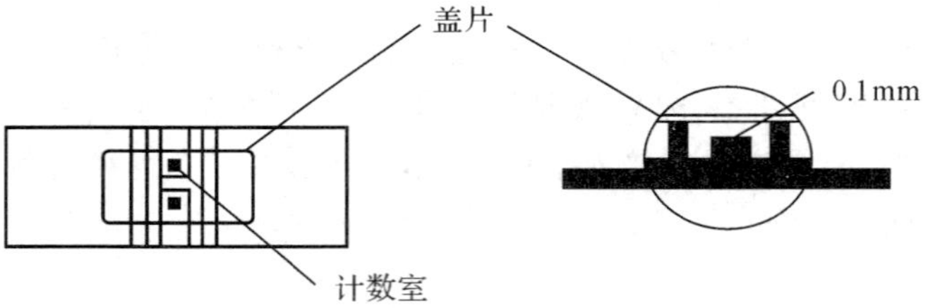

图 9-1 细胞计数板顶面观和侧面观

（三）结果与观察

按下式进行细胞浓度的计数：

4 大格中细胞总数×10^4×稀释倍数/4① = 细胞数/mL 悬液

(4 大格中细胞总数－染色细胞)×10^4×稀释倍数/4② = 活细胞数/mL 悬液

进行细胞计数时应力求准确。因此，在科学研究中，往往将计数板的两侧都滴加上细胞

① 4 大格中的每一大格体积为 0.1 mm^3。1 mL＝10000 大格，因此，1 大格细胞数×10^4＝细胞数/mL。

② 染色标本应在 15 min 内检查计数，因为台盼蓝染液可以迅速地使死细胞染上蓝色，但时间延长的话，活细胞也将着色。

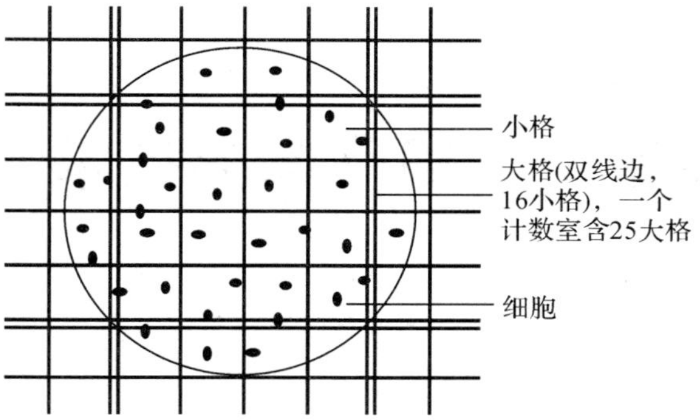

图 9-2 细胞计数板放大图

悬液，并同时滴加几块计数板(或反复滴加一块计数板几次)，最后取结果的均值。

【作业】

1. 问题

表 9-1 是某些贴壁细胞培养数天后观察计数的结果。

表 9-1 某贴壁细胞培养数天后观察计数的结果

瓶	培养基		镜下观察				计数	
	清澈度	颜色	细胞界限	胞内颗粒	空泡	碎片	总数(/mL)	死亡数(/mL)
甲	浑浊	黄	不清	多	多大	满视野	6×10^4	5×10^4
乙	清	橙黄	清楚	少	无	无	9×10^4	2×10^2
丙	清	黄	清楚	较多	有	有	2×10^6	5×10^4
丁	清	紫红	不清	多	多	多	2×10^4	1×10^4

(1)根据表 9-1 分析各瓶细胞的生长情况是：

A. 细胞生长状态良好　　B. 培养时间太短　　C. 细胞污染可能性大

D. 细胞与环境生长不适　　E. 细胞营养不足

甲(　　)　乙(　　)　丙(　　)　丁(　　)

(2)根据你的判断应采取的措施是：

A. 将细胞弃去　　B. 立即换新鲜培养液　　C. 立即传代

D. 放置继续观察　　E. 换到新的培养瓶中

甲(　　)　乙(　　)　丙(　　)　丁(　　)

2. 作图

将你观察到的培养细胞作一草图。

3. 计算

将你计数的每毫升细胞悬液中的细胞总数，死、活细胞的百分比例计算出来。

【思考题】

如何观察培养细胞?

实验十 细胞冻存技术

【目的要求】

以传代培养的小鼠胎儿成纤维细胞为材料，了解细胞冻存的几种简易方法并通过实验掌握其中的一种或几种冻存方法，为以后的综合实验奠定基础。

【实验用品】

1. 材料：对数生长期的小鼠胎儿成纤维细胞（或 Hela 细胞）1～2 瓶

2. 器材：培养箱、离心机、倒置显微镜、低温冰箱、液氮罐、吸管、离心管、细胞冻存管、记号笔、纱布小袋、血细胞计数板

3. 试剂：DMEM 培养液＋20% 胎牛血清、分析纯二甲亚砜（DMSO）或甘油、0.25% 胰蛋白酶、Hanks 培养液

【内容与方法】

1. 实验原理

在培养细胞的传代及日常维持过程中，对培养器具、培养液及各种准备工作方面都有持续的要求，而且细胞一旦离开活体开始原代培养，它的生物特性就将发生变化，并随着传代次数的增加和体外环境条件的变化而不断有新的变化。许多细胞在体外传代到一定代数后就不可避免地发生衰老和凋亡，需要及时冻存，以便在必要的时候再进行细胞复苏，达到维持和保存细胞系的目的。细胞复苏是与细胞冻存相配套的技术，所有冻存的细胞只有在解冻复苏后仍可进行传代培养才可以用于维持细胞系。因此，细胞的冷冻保存与复苏是细胞培养的常规工作和必须掌握的基础技术。

细胞的冷冻保存最早由 Spallanggmi（1776）在对马精子作显微观察时发现。以后，Polge（1949）发现甘油是一种保护剂，可以提高冻存的成活率。再后来又发现二甲亚砜（DMSO）也是一种保护剂。

Merryman 等在理论上阐明了冻存的原理，并经电子显微镜观察得出慢冻快融对细胞组织损伤最少的结论。因为当细胞冷到零度以下时会产生以下变化：细胞脱水，形成冰晶及细胞中可溶性物质浓度升高。如果缓慢冷冻，细胞逐步脱水，可使细胞内不致产生大的冰晶。相反，结晶就大，而大结晶会造成细胞膜、细胞器的损伤和破裂。在融化过程中，应快融，目的是防止小冰晶形成大冰晶，即冰晶的重结晶。因此，冻存的原则是慢冻快融。

细胞若不加低温保护剂而直接进行冻存，细胞内外环境中的水会形成冰晶，导致细胞发生一系列变化，如机械损伤、电解质升高、渗透压改变、脱水、pH 改变、蛋白质变性等等，最终导致细胞死亡。但向细胞培养液中加入甘油或二甲亚砜（DMSO）等冷冻保护剂后，由于它

们对细胞无明显毒性,相对分子质量小,溶解度大,易穿透细胞,故可使冰点降低,提高细胞膜对水的通透性。而缓慢冻结,能使细胞内水分在冻结前透出细胞外,提高细胞内的电解质浓度,减少细胞内冰晶的形成,从而减少由于冰晶形成造成的细胞损伤。

在众多冷冻剂中,液氮是最理想且适用的冷冻剂,由于液氮温度极低(−196℃),在此温度下,既无化学也无物理变化发生,对标本的pH值无影响,细胞代谢活动停止,理论上可以做无限期的保存,故是细胞长期储存的理想冷冻剂。在使用过程中,常将液氮贮于特制的容器中,而细胞冻存于液氮之中。

复苏细胞与冻存细胞的要求相反,应采用快速融化的手段,这样可以保证细胞外结晶在很短的时间内即融化,使之迅速通过最易受损的−5℃～0℃,避免由于缓慢融化使水分渗入形成细胞内再结晶而对细胞造成损害。

2. 操作步骤

(1)收集细胞:选对数生长期小鼠胎儿成纤维细胞,采用细胞传代培养中的酶消化方法,用0.25%胰蛋白酶+0.02% EDTA 消化液消化并收集细胞,细胞悬浮液2000 rpm(约700g离心力,下同)离心5 min,弃上清液,用Hanks液清洗细胞1～2次。

(2)稀释:用配制好的Hanks液+20% FBS+10% DMSO(或甘油)细胞冻存液稀释细胞,用吸管轻轻吹打重新悬浮细胞,充分混匀,调整细胞浓度为(5～10)$\times 10^6$/mL(如1瓶细胞数量不足,则用2瓶或更多瓶细胞)。

(3)分装:将细胞悬液分装于2.5 mL无菌细胞冻存管内,每管加入细胞悬液约2.3 mL,拧紧冻存管螺帽,并在冻存管壁上做好记号。

(4)冻存:封好的冻存管即可直接冻存。标准的冻存程序为降温速率1～2℃/min;当温度达−25℃以下时,可增至−5～−10℃/min;到−100℃时,则可迅速浸入液氮中。要适当掌握降温速度,过快会影响细胞内水分渗出,太慢则促进冰晶形成。各种细胞对冻存的耐受性不同。一般来讲,上皮细胞和成纤维细胞耐受性大,骨髓细胞则较差。要精确控制冷冻速度,则需要细胞冻存器,无此设备,一般可以采用以下冻存方法来控制冷冻速率。

①将细胞冻存管放入塑料小盒或泡沫小盒中,周围稍加固定,然后将小盒放入−70℃冰箱中,经过3 h以后,取出小盒,将细胞冻存管放入纱布小袋中,并放入液氮罐,在液氮表面上停留30 min后,直接投入液氮中。

②将细胞冻存管放入塑料小盒或泡沫小盒中,将小盒放入−20℃冰箱中,待冷冻液完全结冰后(约需3 h),取出小盒内的细胞冻存管,放入纱布小袋中并放入液氮罐的液氮蒸气中,逐渐下降到液氮表面(30～40 min),停留30 min后,直接投入液氮中。

③将细胞冻存管装入纱布小袋中,从液氮罐口缓慢放入,按1℃/min的降温速度,在30～40 min时间内使其到达液氮表面,再停留30 min后,直接投入液氮中。

(5)解冻:用长镊从液氮罐中取出细胞冻存管,立即投入盛有37～38℃温水的搪瓷罐或不锈钢杯内,盖上盖并不时摇动,尽快解冻。

(6)洗涤:从37℃水浴中取出冻存管,用乙醇或乙醇棉球消毒冻存管后,打开螺帽,用吸管吸出细胞悬液,注入离心管并立即加入5倍以上Hanks液,混匀后,2000 rpm离心5 min,弃上清液,重复用Hanks液或培养液重新悬浮细胞,漂洗、离心2次。

(7)接种:加入培养液适当稀释,调整细胞浓度到5×10^5/ mL,以每瓶3 mL接种到25 mL培养瓶中,置37℃、5%二氧化碳、饱和湿度下培养,次日更换1次培养液,继续培养。根据细胞生长情况及时传代。

(8)冷冻效果评价:用台盼蓝染色复苏后的细胞,记录活细胞所占比例。

3. 注意事项

(1)冻存操作和添加液氮时特别要注意戴保护眼镜和手套,以免液氮伤人。切勿用裸手直接接触液氮,以免冻伤。

(2)塑料冻存管的管间胶圈易破,使用前一定要仔细检查。冻存细胞时,塑料冻存管一定要拧紧,以免解冻时空气突然膨胀引起爆炸和解冻时发生污染。

(3)液氮数量要定期检查,在发现液氮挥发 1/2 时要及时补充。

(4)细胞冻存后,留在液氮罐外的系线要做好标记,并做到沿着罐口顺序摆放,以免相互缠绕拿取不便。细胞在液氮中的可储存时间理论上是无限的,但为妥善起见,对未被冻存过的细胞在首次冻存后要在短期内复苏 1 次,以观察细胞对冻存的适应性。已建系的细胞最好也在每年取 1 支复苏 1 次后,再继续冻存。

(5)在无带盖搪瓷罐或带盖不锈钢杯时,可以用 1000 mL 烧杯代替,但此时应特别注意防止冻存管爆炸,以免发生意外。

【作业】

观察细胞冷冻与复苏后形态变化,用表格列出 4 个大方格中细胞总数与活细胞数;列出不同冷冻液冷冻、复苏后细胞存活数据。

【思考题】

1. 冷冻过程中为什么要用慢速冷冻的方法,而不采用将细胞放入液氮中的超速冷冻方法?

2. 在胚胎冷冻研究中,可以将胚胎在高浓度保护剂的冷冻液中做短时间处理后,将胚胎直接放入液氮中冷冻(玻璃化冷冻法)。试分析这种方法是否可用于细胞的冷冻保存?

3. 在细胞复苏时,融化的细胞悬液为什么需要用 5 倍以上 Hanks 液或培养液稀释后才离心?

实验十一 MTA 法检测化学药物对体外培养细胞增殖及存活率的影响

【目的要求】

1. 掌握 MTA 法的基本原理。
2. 掌握 MTA 法的基本过程。

【实验用品】

1. 材料和标本：Hela 细胞株或其他细胞株
2. 器材：酶联免疫检测仪、微孔细胞培养板、微量加样器、显微镜、细胞计数板等
3. 试剂：RPMI 1640 培养液(含有 10%小牛血清和青霉素、链霉素)、2 mg/mL MTT (MTT 200 mg，加入培养液 100 mL 溶解后，用黑纸包好储存于 4℃)、丝裂霉素 C 或自选药物(用培养基分别配制成 0.25、0.50、1.00、2.00 μg/mL 等)、3%小牛血清—磷酸缓冲液(3%FCS-PBS：取 PBS 970 mL，加灭活小牛血清 30 mL。PBS 配方：NaCl 7.6 g，KCl 0.15 g，$Na_2HPO_4 \cdot 12H_2O$ 2.9 g，KH_2PO_4 0.15 g，加蒸馏水至 1000 mL)

【内容与方法】

1. 实验原理

MTA 法，即 microculture tetrazolium assay。因为活细胞线粒体中呼吸链对 tetrazolium 还原作用会生成有色的 MTT forrmazan，其生成量与活细胞数量、细胞的种类、作用时间等相关。当细胞种类、作用时间一定时，则 MTT forrmazan 的生成量与细胞数量呈直线相关，故比色测定 MTT forrmazan 的量就可推断出活细胞数量。此法快速、简便、适用面广，在适当的实验条件下，结果重复性好，敏感性高。对于大规模筛选药物而言，具有可在短时间内处理大量样品的优点。

2. 操作步骤

(1)细胞接种：将处于对数生长期的细胞用培养基制成 2×10^5 细胞/mL 的悬液，用微量加样器接种于微孔板中，每孔 100 μL，边缘孔中不加细胞，仅加培养基作为无细胞空白，37±0.5℃过夜或 5%CO_2 培养箱中培养 4 h，使细胞贴壁。

(2)加药：弃去培养液，于相应实验孔中加入不同浓度的丝裂霉素 C，每孔 100 μL，留数孔不加药，而加入等体积培养液作空白对照，继续培养 24 h。

(3)加 MTT：倾弃药液，每孔加入 200 μL 培养液洗一次，3 min 后倾弃，每孔加入 MTT 溶液 50 μL，继续培养 4～8 h。

(4)洗板：倾去 MTT，以 3%FCS-PBS 洗两次，每次每孔约加入 200 μL，最后倾干孔内

液体。

(5)溶解:每孔加入 DMSO(二甲亚砜)200 μL,室温放置 30 min,并不时摇动。

(6)测量:以无细胞空白孔为零点,测量 OD_{550}或 OD_{570},做好记录。

3. 结果与观察

以空白对照为 100%,按下式计算细胞的存活率:

存活率%=(空白对照 OD 值-给药 OD 值)/空白对照 OD×100%

【作业】

以药物浓度为横坐标,以 OD 值为纵坐标,作出剂量效应曲线。

【思考题】

1. 可否将 OD 值换算成细胞数量? 如何换算?
2. 如果要你检测一个药物对肿瘤细胞的作用,如何设计实验?

实验十二　细胞凋亡的检测

——凋亡细胞DNA降解分析

【目的要求】

掌握肿瘤细胞凋亡DNA琼脂糖凝胶电泳的基本原理和方法。

【实验用品】

1. 材料：Hela细胞（人宫颈癌细胞）

2. 器材：手术器械、平皿、培养瓶、吸管、离心管（灭菌后备用）、离心机、琼脂糖凝胶电泳仪、电泳槽、烧杯、超净工作台、二氧化碳培养箱、倒置显微镜、凝胶成像分析系统等

3. 试剂：含有10%小牛血清的RPMI 1640培养液、DNA提取试剂盒、0.01 mol/L PBS、琼脂糖、0.25%胰蛋白酶/0.02% EDTA混合消化液等

【内容与方法】

1. 实验原理

细胞在凋亡过程中有一系列特征性的形态学、生物化学、细胞学及分子生物学的改变，其中最重要和最具特征性的改变是Ca^{2+}/Mg^{2+}依赖性的核酸内切酶的激活，导致染色质DNA在核小体连接部位断裂，形成以180～200bp为最小单位的单体或寡聚体片段。因而细胞凋亡过程中DNA降解所产生的DNA片段大小具有的这一独特的性质，常作为细胞凋亡特异性的生化指标而被广泛应用。DNA凝胶电泳是检测细胞凋亡DNA降解的敏感且可靠的手段。

由于DNA降解先于凋亡细胞形态学的变化，使众多研究工作者致力于寻求检测DNA降解的敏感、特异、快速的方法。密度梯度离心、脉冲场凝胶电泳或倒转电场凝胶电泳等研究的结果显示，凋亡细胞DNA的降解呈分步进行：首先是核小体之间裂解产生高相对分子质量DNA(high-molecular weight DNA，HMW DNA）片段（50～300 kb），然后，HMW片段进一步降解产生180～200 bp的单体或寡聚体片段，也称低相对分子质量DNA（low-molecular weight DNA，LMW DNA）片段（图12-1）。

在电泳分析方法中，琼脂糖凝胶电泳（agarose gel electrophoresis）是最早用于研究细胞凋亡生物化学变化特性的经典方法。在凋亡细胞中，随着核酸内切酶的活化，DNA降解成寡聚核小体，这些降解片段均为180～200 bp的倍数，故通过电泳可形成典型的“梯状带”，而坏死细胞或凋亡后期的继发性坏死细胞DNA电泳后则成模糊的“涂片状”（smear pattern）。

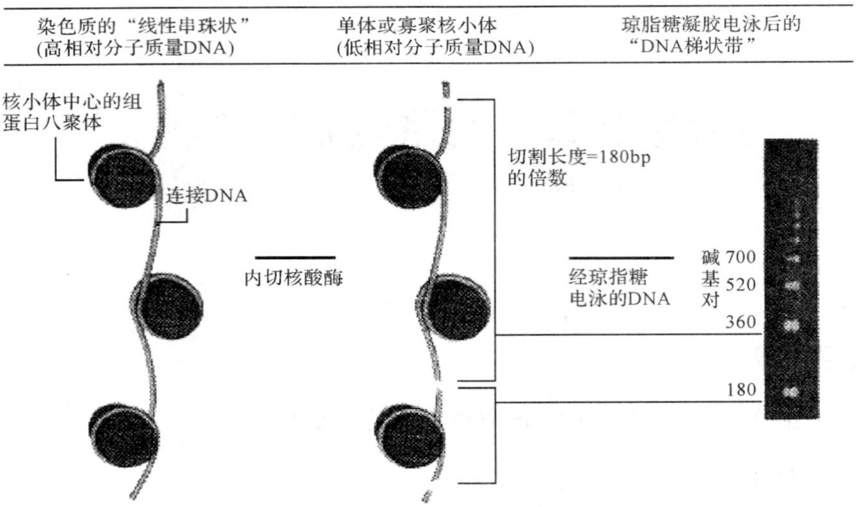

图 12-1　DNA 降解的生物化学特征及“DNA 梯状带”

（二）操作步骤

1．肿瘤细胞常规培养。

2．取指数期细胞，加药诱导凋亡。药物自选，选择合适的药物作用浓度和时间，以不加药物培养细胞为正常对照。

3．收集经药物作用后的细胞 10^5～10^7 个，用 PBS 洗一遍，提取 DNA(一般使用细胞凋亡 DNA 提取试剂盒，按试剂盒使用说明操作)。

4．DNA 提取样品行含 0.5μg/mL 溴化乙锭的 0.8% 琼脂糖凝胶电泳，75 mA 恒流 1～1.5h。

5．电泳完毕，在凝胶成像分析仪内观察、拍照。

（三）结果与观察

凋亡细胞 DNA 电泳形成典型的“梯状带”，而坏死细胞或凋亡后期的继发性坏死细胞 DNA 电泳后则成模糊的“涂片状”，正常对照 DNA 电泳呈一条宽带，为总 DNA 图谱(图 12-2)。

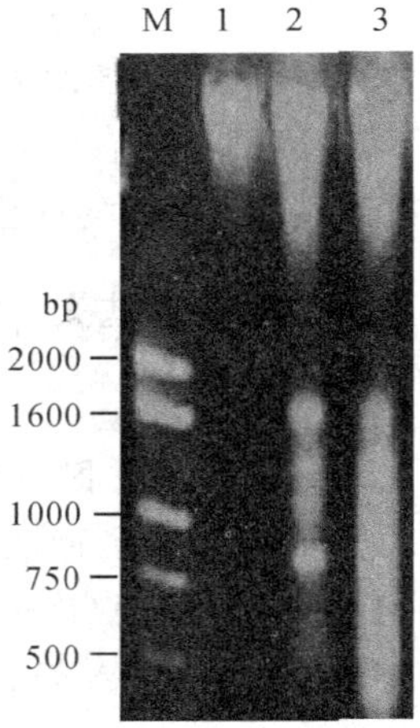

图12-2　Hela 细胞经药物作用后的 DNA 片段分析

M：DNA Marker；泳道 1：正常对照；泳道 2：凋亡细胞；泳道 3：坏死细胞

【作业】

写实验报告，记录实验过程和实验结果，并作简要分析。

【思考题】

1．如何理解凋亡细胞 DNA 降解原理？

2．写出肿瘤细胞 DNA 提取和 DNA 琼脂糖凝胶电泳的注意事项。

实验十三　植物原生质体的制备

【目的要求】

1. 学习原生质体分离纯化的方法。
2. 了解原生质体活性鉴定的原理。

【实验用品】

1. 材料:饱满的黄瓜种子
2. 器材:摇床、离心机、倒置显微镜、普通显微镜、超净工作台、培养皿、离心管、载玻片、剪刀、镊子、200 目筛网、吸管、解剖刀
3. 试剂:

(1)黄瓜种子萌发与生根培养基(固体):1/2 MS(注:MS 无机成分减半,蔗糖 0.2%,琼脂 0.7%)

(2)酶解液(黄瓜):1%纤维素酶+1%果胶酶+0.7×10^{-3} mol/mL 甘露醇+0.7×10^{-6} mol/mL 磷酸二氢钾+10×10^{-6} mol/mL 二水氯化钙,pH 6.8~7.0

(3)13% CPW 洗液:27.2×10^{-6} g/mL 磷酸二氢钾+101.0×10^{-6} g/mL 硝酸钾+1480.0×10^{-6} g/mL 二水氯化钙+246.0×10^{-6} g/mL 硫酸镁+0.16×10^{-6} g/mL 碘化钾+0.025×10^{-6} g/mL 硫酸铜+13% (V/V)甘露醇,pH 6.0

(4)20%蔗糖溶液

(5)0.1% 升汞溶液,加入少许吐温 40

【内容与方法】

1. 实验原理

植物原生质体(protoplast)是除去细胞壁后仅为质膜所包围的"裸露的植物细胞",是开展植物细胞基础研究的理想材料。酶解法分离原生质体是一个常用的技术,其原理是植物细胞壁主要由纤维素、半纤维素和果胶质组成,因而使用纤维素酶、半纤维素酶和果胶酶能降解细胞壁成分,除去细胞壁,即可得到原生质体。由于原生质体内部与外界环境之间仅隔一层薄薄的细胞膜,故必须在渗透压平衡的溶液中才能保持其完整性。实验时,还应当考虑取材、酶的种类和纯度、酶液的渗透压、酶解时间及温度等因素对分离原生质体的影响。

2. 操作步骤

(1)黄瓜无菌苗的培养

精选饱满的黄瓜种子,浸泡 20~30 min 后,用 0.1% 升汞溶液表面消毒 8~10 min,无菌水洗涤 4~5 次,接入 1/2 MS 培养基中,置于温度 25±2℃,光照度 1000 lx,光照 14~16

h/d 的条件下培养约 1 周。

(2)原生质体的分离

①取黄瓜无菌苗子叶,切成 0.5 mm 宽的薄片。

②取 1 个培养皿或带盖三角瓶,加入酶解液 10 mL,放入子叶薄片约 2 g。

③置于摇床上(60～70 rpm),在 25～28 ℃黑暗条件下,酶解 5～7 h。

④用 200 目筛网过滤除去未完全消化的残渣,在 600 rpm(约 150g 离心力)条件下离心 5 min,弃上清。

⑤加入 3～4 mL 13% CPW 洗液,相同条件下离心 2～5 min,弃上清,留 1 mL 洗液。用滴管将混有原生质体的 1 mL 洗液吸出,轻轻铺于 20%蔗糖溶液上(5 mL 离心管装 3 mL 20%蔗糖溶液),在 1000 rpm(约 300g 离心力,下同)条件下离心 5～10 min。由于密度梯度离心的作用,生活力强、状态好的原生质体漂浮在 20%的蔗糖与 13% CPW 之间,破碎的细胞残渣沉入管底。

⑥用 200μL 移液器轻轻将状态好的原生质体吸出(注意尽可能不要吸入下层的蔗糖溶液),放入另一干净的离心管中,加 4 mL 13% CPW 洗液,1000 rpm 离心 2～5 min,弃上清,用血球计数板调整原生质体密度为 10^5～10^6 个/mL。

【作业】

将观察到的原生质体绘图。

【思考题】

你认为要获得数量多、生活力强的原生质体,在实验中应注意哪些问题?

实验十四　动物细胞融合

【目的要求】

1. 了解细胞融合的原理。
2. 初步掌握用 PEG 诱导细胞融合的方法。

【实验用品】

1. 材料：蟾蜍血红细胞，鸡血红细胞
2. 器材：显微镜、离心机、水浴箱、电炉、量筒、离心管、注射器、试管、移液管、烧杯、吸管、载玻片、盖玻片、显微镜、计数板
3. 试剂

(1)Alsver 液：葡萄糖 2.05 g，柠檬酸钠 0.8 g，氯化钠 0.42 g，加重蒸水至 100 mL 即可。

(2)0.85%生理盐水：0.85 g 氯化钠溶于 100 mL 重蒸水中。

(3)GKN 液：氯化钠 8 g，氯化钾 0.4 g，磷酸氢二钠 1.77 g，磷酸二氢钠 0.69 g，葡萄糖 2 g，酚红 0.01 g，溶于 1000 mL 重蒸水中。

(4)Ringer 溶液：氯化钠 0.25 g，氯化钾 0.42 g，氯化钠 6.5 g(恒温动物 9g)溶于 1000 mL 蒸馏水中，碳酸氢钠 0.2 g，氯化钾 0.14 g，磷酸二氢钠 0.01 g，氯化钙 0.12 g

(5)50%PEG 混合液：称取少许 PEG(相对分子质量为 4000)放入刻度离心管内，在沸水浴中加热，使其熔化，待冷却至 50 ℃时，加入预热至 50 ℃的等体积的 GKN 液，混匀。注意使用前配制。

【内容与方法】

1. 实验原理

细胞融合，即在自然条件下或利用人工方法(生物的、物理的、化学的)，使两个或两个以上的细胞合并成一个具有双核或多核细胞的过程。人工诱导细胞融合始于 20 世纪 50 年代，并迅速成为一门新兴技术。由于不仅同种细胞可以融合，种间远缘细胞也能融合，甚至于动植细胞也能合二为一，因此细胞融合技术目前较广泛应用于细胞生物学、遗传学和医学研究等各个领域，并且取得了显著的成绩。许多化学、物理学和生物学方法可诱导细胞融合。现在被广泛采用并证明行之有效的融合方法是聚乙二醇(PEG)法和电融合法。

聚乙二醇(PEG)是一种高分子化合物，分子式为：$HOH_2C(CH_2OCH_2)_nCH_2OH$，其相对分子质量在 200～6000 的均可用作细胞融合剂。普遍认为，聚乙二醇分子能改变各类细胞的膜结构，使两个细胞接触点处质膜的脂类分子发生重组，由于两细胞接口处双分子层质膜的

相互亲和以及彼此的表面张力作用，而使细胞融合成一体。

聚乙二醇融合法方法简单，容易获得融合体，融合效果好。

细胞融合率是指在显微镜的一个视野内已发生融合的细胞核总数，与该视野内所有细胞（包括已融合的细胞）的细胞核总数之比，通常以百分比表示。

2. 操作步骤

（1）细胞悬液的制备

①蟾蜍血红细胞悬液的制备：用注射器吸入 1 mL Alsver 液后，从蟾蜍主动脉弓取血 1 mL放入刻度试管中，再加入 2 mL Alsver 液，封口后 4 ℃冰箱内可保存 1 周。

②鸡血红细胞悬液的制备：用注射器吸入 1 mL Alsver 液后，从鸡翼下静脉取鸡血 2 mL，注入刻度离心管内，按照 3∶1(V/V)加入 6 mL Alsver 液混匀，放入 4 ℃冰箱内可保存 3～4 天。

（2）取细胞悬液 1 mL 移入 10 mL 离心管，加入 4 mL 0.85%生理盐水混匀，1500 rpm（约 500 g 离心力，下同）离心 5 min。

（3）弃上清液（用吸管吸去），加 0.85%生理盐水至 5 mL，混匀后 1500 rpm 离心 5 min。

（4）重复上述条件，再离心洗涤 1 次。

（5）收集最后 1 次离心沉淀的血细胞，加入适量的 GKN 液或 Ringer 溶液，使之成 10%的悬液。

（6）取悬液 1 mL 移入 10 mL 离心管，加入 3 mL GKN 液，使每毫升含 3×10^4～4×10^4 个红细胞。

（7）另取悬液 1 mL 到 1 个试管中，加入 0.5 mL 的 50%PEG 混合液混匀，置于 30℃水浴中温浴 10～15 min；或取血细胞悬液 2 滴滴于凹玻片上，再在液滴边缘加入 1 滴 PEG 混合液混匀，盖上盖玻片，置于 30 ℃水浴中温浴 10～15 min。

3. 观察与结果

（1）利用光学显微镜或倒置显微镜（高倍）观察 2 个靠近细胞或 3 个细胞融合的过程。

（2）进行多个视野的观察，统计平均融合率。

【作业】

将观察到的融合细胞绘图，并计算细胞融合率。

【思考题】

影响细胞融合的因素有哪些？

实验十五　植物细胞原生质体的融合与培养

【目的要求】

1. 了解植物原生质体分离、融合和培养的基本原理及其过程，了解各种培养基成分在原生质体的细胞壁再生、愈伤组织形成和植株分化中的作用。

2. 了解体细胞杂交的原理和过程。

3. 学习原生质体的培养方法。

【实验用品】

1. 材料：黄瓜无菌苗

2. 器材：各种接种工具、超净工作台、培养皿、培养瓶、吸管、倒置显微镜

3. 试剂

(1)PEG 融合液：40% PEG（相对分子质量 1500～6000）$+0.3\times10^{-3}$ mol/mL 葡萄糖 $+3.5\times10^{-6}$ mol/mL 二水氯化钙 $+0.7\times10^{-6}$ mol/mL 磷酸二氢钾

(2)13% CPW 洗液：27.2×10^{-6} g/mL 磷酸二氢钾 $+101.0\times10^{-6}$ g/mL 硝酸钾 $+1480.0\times10^{-6}$ g/mL 二水氯化钙 $+246.0\times10^{-6}$ g/mL 硫酸镁 $+0.16\times10^{-6}$ g/mL 碘化钾 $+0.025\times10^{-6}$ g/mL 硫酸铜 $+13\%$ (V/V)甘露醇，pH 6.0

(3)黄瓜原生质体形成愈伤组织培养基(固体和液体)：MS $+0.05\times10^{-6}$ g/mL NAA $+1\times10^{-6}$ g/mL BA

(4)黄瓜原生质体愈伤组织分化培养基(固体)：MS $+5\times10^{-6}$ g/mL NAA

【内容与方法】

1. 实验原理

植物原生质体融合和培养在理论和实践上都有很大的意义，在植物遗传工程和育种研究上具有广阔的应用前景。它不仅能克服远缘杂交有性不亲和障碍，也能克服传统的通过有性杂交诱导多倍体植株的麻烦，最终将野生种的远缘基因导入栽培种中，它是植物同源、异源多倍体获得的途径之一，可望成为农作物改良的有力工具之一。植物原生质体培养方法起源于植物单细胞的培养方法。1954 年，Miller 培养的万寿菊及烟草悬浮细胞植入到长有愈伤组织的培养基上得到了它们的单细胞克隆，并建立了看护培养的方法；1960 年 Jones 等建立了微室培养法。同年，Cocking 应用酶法分离原生质体获得成功，从而在实验条件下很容易获得大量的原生质体。随着多种适用于原生质体分离的商品酶的出现，原生质体的培养方法也得到了不断改进，现在常用的原生质体培养方法有：液体浅层培养法、双层培养法、琼脂糖包埋法、琼脂岛培养法以及使用条件培养基或饲喂培养等。

植物体细胞杂交，就是指制备出两个不同种或品种的植物的原生质体，在人工控制的条件下，使这两种来自不同亲本的原生质体互相融合，产生杂种细胞。

本实验采用聚乙二醇(PEG)-高 Ca 高 pH 法进行细胞融合。

PEG 20%～50%的浓度能对原生质体产生瞬间冲击效应，原生质体很快发生收缩与粘连，随后用高 Ca 高 pH 法进行清洗，使原生质体融合得以完成。

PEG 由于含有醚键而具负极性，与水、蛋白质和碳水化合物等一些正极化基团能形成氢键，当 PEG 分子足够长时，可作为邻近原生质表面之间的分子桥而使之粘连。PEG 也能连接 Ca^{2+}等阳离子，Ca^{2+}可在一些负极化基团和 PEG 之间形成桥，因而促进粘连。在洗涤过程中，连接在原生质体膜上的 PEG 分子可被洗脱，这样将引起电荷的紊乱和再分布，从而引起原生质体融合；高 Ca 高 pH 由于增加了质膜的流动性，因而也大大提高了融合频率，洗涤时的渗透压冲击对融合也可能起作用。

该方法的优点是：用法简单，容易获得融合体，融合效果好。

原生质体分离纯化或融合后，在适当的培养基上应用合适的培养方法，能够再生细胞壁，并启动细胞持续分裂，直至形成细胞团，长成愈伤组织或胚状体，再分化发育成苗。其中，选择合适的培养基及培养方法是原生质体培养中最基础也是最关键的环节。

愈伤组织在离体培养过程中，组织和细胞的潜在发育能力可以在某种程度上得到表达，伴随着反复的细胞分裂，又开始新的分化。脱分化的细胞团或组织经重新分化而产生出新的具有特定结构和功能的组织或器官的现象，称为再分化。在一定的培养条件下，愈伤组织通过分化可以形成苗或根的分生组织甚至是胚状体，继而发育成完整的小植株(图 15-1)。

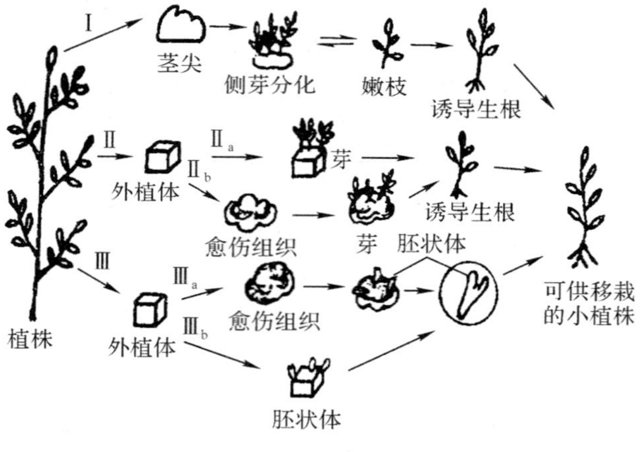

图 15-1 植物离体组织或器官分化成植株的途径

2. 操作步骤

(1)原生质体融合

将 1～2 滴原生质体混合物(密度分别为 10^5～10^6/mL)滴入小培养皿，静置 8～10 min。相对方向加入 2 滴 40%的 PEG 溶液，静置 10 min，依次间隔 5 min 加入 0.5 mL、1 mL 和 2 mL 含 13%甘露醇的 CPW 洗液洗涤。注意在第二、三次洗液加入前，用移液器轻轻吸走部分溶液，但不能吸干，否则原生质体会破碎死亡。最后用液体培养基洗 1～2 次即可进行培养。计算融合率。

(2)原生质体培养

将原生质体或融合体悬液铺于愈伤组织诱导培养基(固体)上进行浅层培养,在温度 25±2 ℃,光照度 1000 lx,光照 14～16 h/d 的条件下培养,经 1～2 个月后在培养基上出现肉眼可见的细胞团。细胞团长到 2～4 mm 左右,即可转移到分化培养基上,诱导分化芽和根,长成小植株。

(3)愈伤组织分化

转移到无激素的 MS 培养基上,观察生根。

3. 结果与观察

(1)两种原生质体加入 PEG 融合液后,只发生粘连,在洗涤过程中才发生膜融合。核融合通常于融合体第一次有丝分裂过程中发生。

(2)原生质体培养:2 周后记录分化率。

分化率(%)=(生芽愈伤组织块数/接种愈伤组织总块数)×100%

(3)愈伤组织分化:10 天后计算生根率。

生根率(%)=(生根愈伤组织块数/接种愈伤组织总块数)×100%

【作业】

1. 将观察到的原生质体融合过程绘图。
2. 记录实验所用的试剂、实验步骤和现象,并就此实验写一篇小论文。

【思考题】

1. 哪些因素影响原生质体的培养？如何用实验证实？
2. 愈伤组织发生不定芽和不定根的能力与哪些因素有关？
3. 植物生长物质对诱导愈伤组织分化起何作用？

实验十六　早熟染色体凝集(PCC)的诱导和观察

【目的要求】

1. 了解早熟染色体凝集的诱导原理和成熟促进因子(MPF)的作用。

2. 掌握间期细胞三个不同时相早熟凝集染色体的形态特点,进一步理解细胞周期中染色质周期变化规律。

【实验用品】

1. 材料:CHO 或 Hela 细胞

2. 器材:超净工作台、恒温箱、离心机、天平、显微镜、吸管、移液管、10 mL 离心管、载玻片、盖玻片、酒精灯、试管架、染色盘

3. 试剂:50% PEG 溶液(相对分子质量 1000)、Hanks 液、RPMI 1640 培养液或 Eagle 培养液(含 10%小牛血清和不含小牛血清两种)、10 μg/mL 秋水仙素溶液、0.25%胰蛋白酶溶液、0.075 mol/L 氯化钾溶液、低渗液、甲醇—冰醋酸(3∶1)固定液、Giemsa 染液(pH 6.8,PBS 稀释)

【内容与方法】

(一)实验原理

早熟染色体凝集(premature chromosome condensation,PCC)是近 20 年来在细胞融合和染色体技术的基础上建立起来的一种技术。在间期细胞中,遗传物质是以染色质形式存在的,看不到分裂期(M 期)才出现的染色体。当把间期细胞与 M 期细胞融合后,在 M 期细胞内含有的促进染色质凝集的物质——有丝分裂因子(mitotic factor),现称成熟促进因子(maturation promoting factor,MPF)——的诱导下,间期细胞染色质提前凝集成染色体。这种由 M 期细胞诱导间期细胞中产生的染色体称为早熟凝集染色体,或称 PC 染色体。PCC 的形态学反映了间期细胞融合时所处的细胞周期的位置。利用 PCC 技术可以在光镜下直接观察间期细胞中染色质结构的动态变化,可以用于细胞周期的分析、环境中各种理化因子对靶细胞间期染色体损伤效应的研究、白血病病人化疗效果及预后的检测,及制备高分辨染色体带谱等。

由于 M 期细胞中含有 MPF,当 M 期细胞与间期细胞融合后,这种因子可以诱导间期细胞核膜破裂,使染色质凝集成染色体。M 期细胞与不同时相的间期细胞融合后将诱导产生三种不同形态特点的 PCC,如:在 G_1 期尚未进行 DNA 复制,染色质逐渐由凝集向去凝集

发展，为 DNA 的合成做准备，所以 G_1 期的 PCC 均为单股线状染色体，只是逐渐由粗变细；而 S 期细胞由于正处在 DNA 复制阶段，大量的复制单位启动，复制不同时，所以表现为正在复制的地方染色质高度解螺旋，在光镜下看不到，看到的是还没有进行复制或复制后又重新凝集的部分，故 S 期 PCC 在光镜下呈粉末状或粉碎颗粒状；G_2 期 PCC 因 DNA 复制已经完成，故呈现类似中期染色体的形态，为双股染色体，但两条单体多并在一起，周缘光滑而较细长。

（二）操作步骤

1. 周期细胞的准备

将细胞接种于大培养瓶中，在细胞对数生长期加入终浓度为 0.05 μg/mL 的秋水仙素溶液，继续培养 4～6 h，使分裂阻断于分裂中期，细胞变成球形。轻轻倾去培养液，加入 5 mL Hanks 液，平行反复振摇培养瓶，使液体冲刷细胞层，或用吸管在瓶内吸取 Hanks 液反复吹打细胞表层。由于 M 期细胞呈球形，与瓶壁的接触面积小，很容易脱落悬浮。将细胞悬液移入离心管中，计数备用。

2. 间期细胞的准备

取另一瓶处于对数生长期的细胞，也可采用收集过 M 期细胞后的贴壁细胞，用 0.25% 胰蛋白酶溶液消化 2～3min，弃去消化液，加入 5 mL Hanks 液，用吸管吹打成细胞悬液，计数备用。

3. 细胞融合

(1)将 M 期和间期细胞按 1∶1(约各为 10^6 个)混合于离心管中，以 800 rpm(约 200 g 离心力，下同)离心 5～8 min，弃去上清液，用 Hanks 液洗涤离心 1～2 次，弃去上清液，离心管倒置在滤纸上吸尽残液。

(2)用手指轻弹离心管底壁使细胞团分散，然后在 37℃水浴中逐滴加入 0.5～1 mL 制备好的 50%PEG 溶液，边加边轻轻振荡，整个过程在 60～90 s 内完成，迅速加入 10 倍体积无血清 RPMI 1640 培养液，稀释以中止 PEG 溶液的作用。在 37℃水浴中静置 4～5 min，然后离心，去上清液，再用无血清 RPMI1640 液洗涤离心 1 次，充分去除 PEG。

(3)倾去上清液后，加入 2 mL 含小牛血清的 RPMI 1640 培养液，再加入 1 滴 10 μg/mL 秋水仙素溶液轻轻吹打使细胞均匀悬浮，37℃温育 20～60 min。

4. 制片

细胞温育后离心(800 rpm，6 min)，弃去上清液，用手指轻弹离心管，使细胞分散，加入 10 mL 0.075 mol/L KCl 低渗液，37℃静置 15 min 左右，滴入新配制的甲醇—冰醋酸(3∶1)固定液数滴(预固定)，离心(800 rpm，6 min)，弃去上清液。指弹离心管使细胞分散后加入 7 mL 甲醇—冰醋酸(3∶1)固定液，静置固定 20 min，离心，弃去上清液。再加少量固定液，轻轻吹打制成细胞悬液，按常规染色体制片法制片，干燥后用 Giemsa 染液染色 12 min，水冲洗，晾干。

（三）结果与观察

在低倍镜下可见片中有未融合的单个间期细胞，融合的双核或多核间期细胞；未融合的 M 期细胞(具典型中期染色体)以及 M 期和间期或随机融合而诱导产生的不同形态的 PCC 细胞。根据下列所描述的各期 PCC 的特征(图 16-1)，在油镜下寻找 M 期与不同时相间期细胞融合诱导产生的各期 PCC。

图 16-1　分裂期细胞与间期细胞融合诱导的 PCC

(1)M×G_1　(2)M×S　(3)M×G_2

1. G_1 期 PCC

此期因 DNA 尚未复制，染色体由单条染色单体组成。随着染色体解螺旋的发展，染色体逐渐变长、纤细化。

早 G_1 期：为扭曲状的单股粗线状染色体，较短。

晚 G_1 期：为细长而着色浅的单股染色体，整个染色体部分呈线团状。

2. S 期 PCC

此期正在进行 DNA 复制，染色体高度解螺旋，DNA 以多点进行复制，故复制区在光镜下不可见。尚未解螺旋复制或复制后又凝集的染色质部分在光镜下以染色体片段形式存在，染色较深，故呈粉末状或粉碎颗粒状。

早 S 期：为染色浅的粉末状，其中散在着一些染色深的成双的染色体片段。

晚 S 期：染色深的双线染色体片段增多和延长。

3. G_2 期 PCC

此期 DNA 复制已完成，形成的每条染色体由两条单体组成，随螺旋化的发展，逐渐增粗，变短。

早 G_2 期：为较细长的双线染色体。

晚 G_2 期：为较粗短的双线染色体，但仍比中期染色体细长，边缘光滑。

以上现象反映了间期中的染色质与分裂期的染色体是同一物质在细胞周期的不同阶段的两种不同表现形式。它们在结构上是连续的，动态变化着的。染色质由 G_1 期单线状结构，经 S 期复制进入 G_2 期形成双线状结构，到 M 期高度螺旋化凝集成典型的染色体，再平均分配到两个子细胞中去，进入到下一个周期中解螺旋又成为 G_1 期单线结构。

【作业】

1. 绘制观察到的 G_1、S、G_2 期 PCC 图像各一个。

2. 根据 PCC 的观察，试说明细胞增殖周期中染色质周期的变化规律。

【思考题】

1. S期PCC为何呈现粉末状？
2. G_1期PC染色体变化很大，解释其原因。

实验十七　联会复合体的染色与观察

【目的要求】

1. 学习光学显微镜显示联合复合体(SC)的技术。

2. 观察光镜下联会复合体的形态结构。掌握细胞计数的基本方法。

【实验用品】

1. 材料：雄性小白鼠

2. 器材：离心机、显微镜、水浴锅(65℃)、培养皿(直径 16 cm)、镊子、剪刀、吸管、烧杯、量筒、离心管(10 mL)、酒精灯

3. 试剂：0.7%柠檬酸钠溶液、3% 中性福尔马林、50%硝酸银溶液、明胶显影液(称取 2 g 明胶粉末溶解于 99 mL 蒸馏水中，加 1 mL 甲酸)、甲醇、冰醋酸

【内容与方法】

(一)实验原理

联会复合体(synaptonemal complex，简称 SC)最早由 Mose(1956)在研究蝲蛄精母细胞减数分裂前期的超微结构时发现，1977 年他又证明使用光学显微镜可以检查联会复合体，随其之后发展了许多适用于明视野显微镜检查用的 SC 染色法。依靠光学显微镜显示 SC 技术，不仅对于 SC 的结构和功能的研究有用，而且在临床细胞遗传学中对染色体异常、遗传性疾病的病因和病理研究，以及环境诱变剂的检测等，均不失为是一种新的有效研究手段。

SC 是减数分裂期同源染色体配对形成的非永久性核内特殊结构。典型的 SC 由三股平行的线状结构，即两条平行侧线和一条纤细的中央轴组成，一般开始于偶线期，成熟于粗线期，消失于双线期。它与减数分裂三个重要环节——同源染色体联会、交换以及分离有密切关系。大量研究表明，SC 在真核生物的减数分裂过程中是普遍存在的。

(二)操作步骤

1. 脱颈处死动物，取出睾丸，放入盛有 2 mL 0.7%柠檬酸钠的培养皿中。

2. 剪开白膜，用解剖针和小弯镊挟出曲细精管并剪碎，用吸管轻轻吹打，使曲细精管内容物释放出，使细胞悬液总体积为 1 mL。

3. 移至刻度离心管中，加 8 mL 0.7%柠檬酸钠溶液制成细胞悬液，室温下低渗 45～60 min。

4. 在低渗终止前 10 min，加 3%中性福尔马林溶液 0.3 mL，至最终浓度为 0.1%，混匀。

5. 1000 rpm（约 300 g 离心力）离心，弃上清液。

6. 甲酸—冰醋酸（3：1）混合液固定，空气干燥制片。制片的关键是长时间的低渗液处理和添加福尔马林溶液。

7. 银染

（1）在培养皿底部放一用少量蒸馏水湿润的滤纸，上放两根小玻棒（或竹竿），置水浴锅内保温（80℃）。

（2）玻片标本细胞面朝上平放其上，加 4 滴 50%硝酸银溶液和 2 滴明胶显影液，复以盖玻片，直到玻片标本呈金褐色为止，一般为 3～4 min。

（3）移除盖片，并用蒸馏水快速漂洗，晾干。

（4）观察或摄影，分析。

（三）结果与观察

1. 银染后的 SC 呈现金黄或黄褐色，两条同源染色体联会比较紧密，但端部仍可见 SC 结构的双股性（图 17-1）。

2. 可见 Y 染色体的大部分和 X 染色体的一部分局部配对，形成短而清晰的 SC。

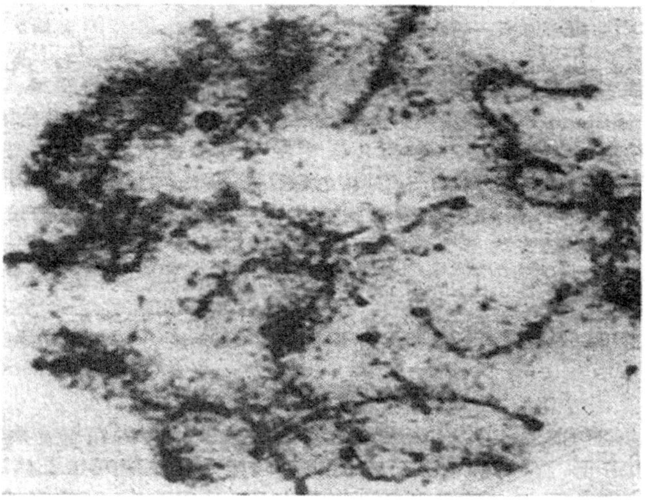

图 17-1　小鼠联会复合体

【作业】

绘图表示光镜下联会复合体的形态。

【思考题】

1. 联会复合体的生物学意义是什么？
2. 联会复合体的应用价值是什么？

实验十八　植物染色体标本的制备和观察

【目的要求】

掌握根尖染色体压片法。根尖染色体压片法是观察植物染色体最常用的方法，也是研究染色体组型、染色体分带、染色体畸变和姐妹染色单体交换的基础。

【实验用品】

1. 材料：大蒜（*Aillum sativum*）、洋葱（*Aillum cepa*）的鳞茎或蚕豆（*Vicia faba*）的种子

2. 器材：显微镜、镊子、载玻片、盖玻片、烧杯、恒温箱、水浴锅、刀片、毛边纸

3. 试剂：对二氯苯或0.02%秋水仙素、卡诺固定液（无水酒精∶冰醋酸＝3∶1）、70%酒精、0.1 mol/L 盐酸、改良的石炭酸品红染液、0.1 mol/L 醋酸钠、酶液（2%纤维素酶和0.5%果胶酶混合液）、45%醋酸

【内容与方法】

1. 实验原理

植物染色体的常规压片技术是植物细胞遗传学研究中经典的技术，已有70多年的历史。经过人们的长期实践和不断改进，这一技术至今仍是观察植物染色体常用的方法，也是进行染色体研究的一项基础方法。

植物根尖的分生组织细胞是植物组织细胞中生长、分裂比较旺盛的部分，根尖的生长点细胞能够持续进行有丝分裂，其分裂一般在每天有一高峰期。在此高峰期取得根尖材料，经预处理，固定，解离，染色，压片，就可以制得相对较多的处于有丝分裂各时期的细胞和染色体的制片，这就是植物染色体压片技术的常规程序。

2. 操作步骤

（1）将大蒜或洋葱的鳞茎，置于盛水的小烧杯上，放在25℃温箱中，待根长到2 cm左右时，在上午九时摘下根尖，放到对二氯苯饱和水溶液，或0.02%秋水仙素溶液中，浸泡处理4～5 h。

（2）经过预处理的根尖，用水洗净，再放到卡诺固定液中，固定24 h。固定材料可以转入70%酒精中，在4℃冰箱中保存，保存时间最好不超过两个月。

（3）这里介绍两种解离方法，可以根据实验需要选择使用。

① 酸解：从固定液中取出大蒜或洋葱根尖，用蒸馏水漂洗，再放到0.1 mol/L 盐酸中，在60℃水浴中解离8～10 min，用蒸馏水漂洗后，放在染色板上，加上几滴改良石炭酸品红染色液，根尖着色后即可压片观察。

② 酶解：取大蒜或洋葱的固定根尖，放在0.1 mol/L 醋酸钠中漂洗，用刀片切除根冠以

及延长区（根尖较粗的蚕豆，可以把根尖分生组织切成2～3片），把根尖分生组织放到醋酸钠配制的纤维素酶（2%）和果胶酶（0.5%）的混合液中，在28℃温箱中解离4～5 h，此时组织已被酶液浸透而呈淡褐色，质地柔软而仍可用镊子夹起，用滴管将酶液吸掉，再滴上0.1 mol/L 醋酸钠，使组织中的酶液渐渐渗出，再换入45%醋酸。

酶解后的根尖，如作显带或姐妹染色单体交换，可用45%醋酸压片；如作核型分析或染色体计数等常规压片，可在改良石炭酸品红中染色，经过酶处理的组织染色速度快。

（4）压片：把染色后的根尖放在清洁的载玻片上，用解剖针把根冠及延长区部分截去，加上少量染色液，并盖上盖玻片。一个解离良好的材料，只要用镊子尖轻轻地敲打盖片，分生组织细胞就可铺展成薄薄的一层，再用毛边纸把多余的染色液吸干，经显微镜检查后，选择理想的分裂细胞，再在这个细胞附近轻轻敲打，使重叠的染色体渐渐分散，就能得到理想的分裂相。要达到这个目的，必需掌握以下几点：

① 压片材料要少，避免细胞紧贴在一起，致使细胞和染色体没有伸展的余地。

② 用镊子敲打盖玻片时，用力要均匀，若在压片时稍不留意，使个别染色体丢失，而被迫放弃一个良好的分裂相的细胞。

（5）封片：把压好的玻片标本，放在干冰或冰箱结冰器里冻结。然后用刀片迅速把盖玻片和载玻片分开，用电吹风把玻片吹干后，滴上油派胶加上盖玻片封片，或经二甲苯透明后，滴中性树胶，加盖玻片封片，做成永久封片。

3. 结果与观察

拍摄根尖染色体的分裂相。

【作业】

每人交一张植物根尖染色体制片。

【思考题】

植物有丝分裂染色体制片还有哪些方法？

附录　实验说明

1. 根尖由于取材方便，是观察植物染色体最常用的材料，但有些植物种子难以发芽，或仅有植株而无种子，此时可以用茎尖作为材料。

2. 植物细胞分裂周期的长短不尽相同，通常在十到几十小时之间。温度明显地影响分裂周期。对于一个不太熟悉的实验材料，最好是在确定温度下萌发长根，以掌握有丝分裂高峰期，得到更多的有丝分裂的细胞。

3. 预处理的目的是降低细胞质的黏度，使染色体缩短分散，防止纺锤体形成，让更多的细胞处于分裂中期。一般是在分裂高峰前，把根尖放到药剂中处理3～4 h。处理的药剂很多，如秋水仙素、对二氯苯、8-羟基喹啉等。

4. 解离的目的是使分生组织细胞间的果胶质分解，细胞壁软化或部分分解，使细胞和染色体容易分散压平。解离方法有酸解法和酶解法。

（1）酸解法是用盐酸水解根尖，步骤简便，容易掌握，广泛应用于染色体计数、核型分析和染色体畸变的观察。根尖分生组织经过酸解和压片后，都呈单细胞，但是大部分分裂细胞的染色体还包在细胞壁中间。

(2)酶解法常用于染色体显带技术或姐妹染色单体交换等研究。通过解离和压片，使分生细胞的原生质体，能够从细胞壁里压出，再经过精心的压片，使染色体周围不带有细胞质或仅有少量细胞质。

下　篇

遗传学实验指导

实验十九　植物多倍体的诱发和观察

【目的要求】

1. 掌握多倍体植物的鉴定方法,观察多倍体植物的染色体。
2. 了解人工诱导多倍体植物的原理、方法及其在植物育种上的意义。

【实验用品】

1. 材料:玉米($2n=20$)或大麦($2n=18$)或水稻($2n=24$)种子,人工诱发的四倍体玉米和二倍体玉米果穗、玉米粒、花粉、叶片

2. 器材:显微镜、测微尺、镊子、刀片、载玻片、盖玻片、滴管、吸水纸

3. 试剂:0.1%和0.2%秋水仙素,1 mol/L 盐酸溶液,改良石炭酸品红溶液,碘化钾溶液

【内容与方法】

1. 实验原理

自然界各种生物的染色体数目是恒定的,这是物种的重要特征,例如:玉米体细胞染色体数20,水稻体细胞染色体数24,人体细胞染色体数46,果蝇体细胞染色体数8。遗传上把一个配子的染色体数称为染色体组,用 n 表示,具有1个染色体组的细胞称为单倍体,体细胞多数具有两个染色体组称为二倍体。细胞内多于两个染色体组的生物称为多倍体,如三倍体($3n$)、四倍体($4n$)、六倍体($6n$)等,这类染色体数的变化是以染色体组为单位而增减,所以称为整倍体。

在多倍体中,又可按染色体组的来源区分为同源多倍体和异源多倍体。凡增加的染色体组来自同一物种或者是原来的染色体组加倍的结果,称为同源多倍体。如果增加的染色体组来自不同的物种,则称为异源多倍体。

多倍体普遍存在于植物界。目前已知道被子植物中有1/3或更多的物种是多倍体,如小麦属(*Triticum*)染色体基数是7,属二倍体的有一粒小麦,四倍体的有二粒小麦,六倍体的有普通小麦。除了自然界存在的多倍体之外,又可采用高温、低温、X射线照射、嫁接和切断等物理方法人工诱发多倍体植物。在诱发多倍体方法中,以应用化学药剂较为有效,如秋水仙素、萘嵌戊烷、异生长素、富民农等,都可诱发多倍体,其中以秋水仙素效果最好,使用最为广泛。

秋水仙素是从百合科植物秋种番红花—秋水仙的种子及器官中提炼出来的一种生物碱。化学分子式为 $C_{22}H_{25}NO_6+1/2H_2O$,具有麻醉作用。对植物种子、幼芽、花粉、嫩枝等可产生诱导作用。它的作用是抑制细胞分裂时纺锤丝的形成,使染色体不能移向两极而被阻止

在分裂中期。这样,细胞不能继续分裂,就会产生染色体数目加倍的核。若染色体加倍的细胞继续分裂,就形成多倍体的组织,由多倍体组织分化产生的配子是多倍体的,因而也可进行有性繁殖。用人工方法诱导的多倍体,可以得到一般二倍体没有的优良经济性状,如粒大、穗长、抗病性强等。三倍体西瓜、三倍体甜菜、八倍体小黑麦已在生产上应用。

2. 操作步骤

(1) 把二倍体玉米($2n=20$)或大麦($2n=18$)或水稻($2n=24$)种子浸泡在0.1%秋水仙素溶液中24 h。

(2) 浸泡完毕用自来水冲洗2～3次。

(3) 将萌发种子移到盛有0.025%秋水仙素溶液湿润吸水纸的培养皿里。

(4) 置20℃培养箱,培养发芽48 h,将幼苗取出。

(5) 用自来水缓缓冲洗幼苗,再将幼苗栽种在大田或盆钵内。

(6) 同期栽种未经处理的玉米种子作为对照。

(7) 给以良好的田间管理,使幼苗生长良好。

3. 结果与观察

多倍体植物的鉴定

(1) 制作四倍体玉米、二倍体玉米根尖细胞压片,检查染色体数目(具体方法见实验十八)

(2) 观察四倍体玉米、二倍体玉米表皮细胞气孔大小。

①在四倍体玉米叶的背面中部划一切口,用尖头镊子夹住切口部分,撕下一薄层下表皮,放在载玻片的水滴里,铺平,盖上盖玻片,制成表皮装片。

②按上述同样方法制作一张二倍体玉米的表皮装片作为对照。

③显微镜下观察比较四倍体与二倍体玉米表皮细胞气孔和保卫细胞的大小,用测微尺测量记录其大小。

(3)观察比较花粉粒的大小

①从四倍体玉米、二倍体玉米植株上分别采集花粉。

②将采集到的花粉分别浸入45%冰醋酸。

③用滴管分别各取一滴花粉粒悬浮液,移到载玻片上。

④滴上碘化钾溶液,盖上盖玻片,制成花粉粒装片。

⑤显微镜观察四倍体玉米及二倍体玉米花粉粒大小。

⑥用测微尺测定并记录其大小。

4. 注意事项

本实验采用种子浸渍法。处理种子时,可先在一定浓度秋水仙素中浸种24 h左右,在铺有滤纸的器皿中浸渍种子,再注入0.025%～0.1%浓度的秋水仙素溶液,为避免蒸发宜加盖并置于暗处,放入20℃培养箱中,保持适宜的发芽温度,干燥种子处理的天数应比浸种多1天左右。一般发芽种子处理数小时至3天,或多至10天左右。对于种皮厚发芽慢的种子,需先催芽后再行处理。已发芽的种子宜用较低的浓度处理较短的时间。秋水仙素能阻碍根系的发育,因而最好能在生根以前处理完毕。处理后用清水冲洗,移栽于盆钵或田间。

染色体加倍后必须进行鉴别。同源多倍体植株开始可根据形态特性来判断,如叶色、叶形及气孔和花粉的大小,最为可靠的方法是待收获大粒种子后,再将这些大粒种子萌发,制备根尖压片,然后检查细胞内的染色体数目。只有染色体数目加倍了,才能证明植株已被诱导加倍成四倍体。

【作业】

1. 描绘四倍体玉米中期染色体图像。
2. 将镜检观察结果列成表格,并分析实验结果。

【思考题】

秋水仙素处理为何能诱导多倍体植物?

实验二十　果蝇培养及其主要性状的观察和雌雄鉴别

【目的要求】

1. 通过实验掌握人工培养果蝇的方法，了解果蝇的生活史。

2. 掌握果蝇的麻醉方法。

3. 掌握不同品系果蝇的识别，♀、♂果蝇的鉴别，从而为以后进行以果蝇为材料的遗传试验做好准备。

【实验用品】

1. 材料：编号试管，管内放入各品系♀、♂果蝇各数只

2. 器材：铁架子、试管架、三脚铁架、量筒、大小烧杯、石棉网、玻棒、带一节橡皮的玻璃滴管、火柴、酒精灯、漏斗、已消毒灭菌过的指管、毛笔、瓷板、载玻片、海绵板、显微镜

3. 试剂：玉米粉、酵母粉、蔗糖、琼脂、乙醚

【内容与方法】

（一）实验原理

果蝇属于昆虫纲双翅目。遗传学研究中通常采用的是黑腹果蝇（*Drosophila melanogaster*），属于果蝇科果蝇属，与常见的苍蝇同目异科。果蝇作为遗传学研究的材料，具有非常突出的优点。它型体小，生长迅速，繁殖率高，饲养简便，突变性状多，在实验处理上也十分方便，容易重复实验，便于观察和分析。果蝇的遗传学研究广泛而深入，尤其在基因分离、连锁、互换等方面十分突出，为遗传学的发展作出了突出的贡献。

（二）实验内容

1. 果蝇生活周期的观察

果蝇的生活史和其他昆虫一样，一个完整生活周期可分为四个明显的时期，即卵→幼虫→蛹→成虫（图 20-1），是完全变态的昆虫。用放大镜从培养瓶外即可观察到这四个时期。

2. 果蝇的生活周期和温度的关系

果蝇也和大多数动物一样，有最低、最高和最适温度的生长要求，低于最低温度和高于最高温度都会引起果蝇的不育和死亡。20～25 ℃是果蝇的最适生长温度，30 ℃以上会引起不育或产生不正常的形态，见表 20-1。

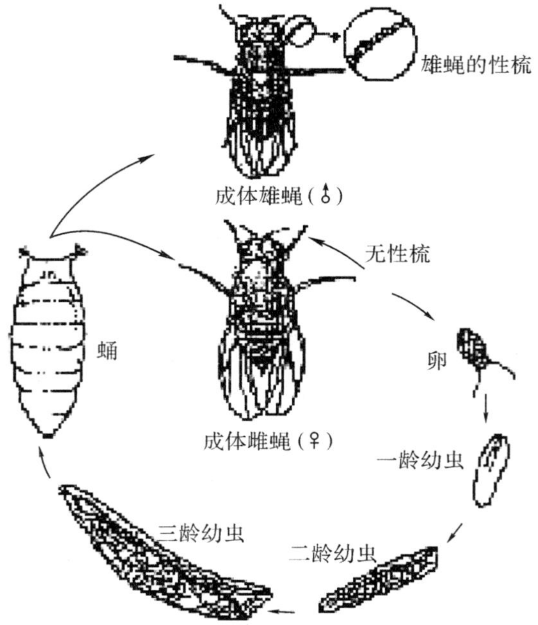

图 20-1　果蝇的生活周期

表 20-1　不同温度下果蝇的生活周期

	10℃	15℃	20℃	25℃
卵→幼虫	—	—	8 天	5 天
幼虫→成虫	57 天	18 天	6.3 天	4.2 天

3. 果蝇的培养基

果蝇的食物主要是酵母,所以凡是能使酵母发酵的基质都能做培养基(表 20-2)。最常用、效果最好的是玉米粉培养基。

表 20-2　果蝇各类培养基配方

成分	玉米粉饲料	米粉饲料	小麦饲料
水	150 g	100 g	100 g
琼脂	1.5～2 g	0.9～2.5 g	1.5 g
蔗糖	13 g	10 g	20 g
玉米粉	17 g	—	—
米粉	—	15 g	—
小麦粉	—	—	7 g
酵母粉	1.4 g	—	—
酵母菌液	—	数滴	数滴
丙酸(或乙酸)	1 mL	1 mL	1 mL

(1)果蝇品系的鉴别(表 20-3)

表 20-3 果蝇各品系特征表

	眼色	翅膀	刚毛	体色
野生型(18 号)	红	长翅	直	灰
残翅(2 号)	红	残	直	灰
小翅(6 号)	白	小	焦刚毛	灰
黑檀体(e)	红	长	直	黑檀体
白眼(22 号)	白	长	直	灰

(2)雌雄果蝇的鉴别(表 20-4)

表 20-4 雌雄果蝇主要特征

	体型	腹部末端	背部条纹	性梳
♀	大	无色、端尖	7 条(可看见 5 条)	无
♂	小	黑色、钝圆	5 条(可看见 3 条)	有

注:雄体在第一对足的跗节基部有一黑色鬃毛结构,形似一小梳,称为性梳。

(三)操作步骤

1. 玉米培养基的配制

(1)消毒灭菌:玉米培养基的成分比较安全,不仅是酵母的良好培养基,也是一些霉菌、细菌的生长环境,所以分装培养基的试管,棉塞漏斗等都必须消毒灭菌。

(2)培养基配制步骤

① 80 mL 水+1.5 g 琼脂+13 g 蔗糖,放在大烧杯中煮沸。

② 80 mL 水+17 g 玉米粉+1.4 g 酵母粉,装在小烧杯中调匀。

③ 待大烧杯中的琼脂融化后,把小杯中调匀的玉米粉和酵母粉混合液倒入,煮沸后移去酒精灯。

④ 往大烧杯中加 1 mL 丙酸。

⑤ 分装:每一试管分装 1.5～2 cm 高度即可。分装时注意不要将培养基碰到管壁。

2. 果蝇的麻醉

① 轻摇或轻拍培养瓶使果蝇落于培养瓶底部。

② 右手两指取下培养瓶塞(夹在指间,不要放在台上),迅速将麻醉瓶口与培养瓶口对接严密。注意,所用麻醉瓶在此时不要带有乙醚气味。

③ 左手握紧两瓶接口处,倒转使培养瓶在上。

④ 握紧两瓶接口,使两瓶稍倾斜,右手轻拍培养瓶将果蝇震落到麻醉瓶中。注意不要将培养瓶中的培养基倒入麻醉瓶。如培养基已变得太稀而易掉落,可采用麻醉瓶在上,而用黑纸或双手遮住培养瓶,使果蝇趋光自动飞入麻醉瓶中。

⑤ 当果蝇进入麻醉瓶后,迅速分开,将两瓶各自盖好。再将麻醉瓶的果蝇拍到瓶底,迅速拔出塞子,在塞子上滴上几滴乙醚,重新塞上麻醉瓶。

⑥ 观察麻醉瓶中的果蝇。约半分钟后果蝇便不再爬动。转动瓶子,若果蝇在瓶壁上站不稳,则可认为麻醉完成,即可倒在白瓷板上进行观察。如果麻醉过度,会将果蝇杀死。死果蝇翅膀外展,身体垂直,所以麻醉时要注意观察,不要时间过长。

⑦ 通常,果蝇麻醉状态可维持 5～10 min。如果观察中苏醒过来,可用一平皿,内贴一带乙醚的滤纸条,罩住果蝇形成一临时麻醉小室补救。

3. 结果与观察

对麻醉后的果蝇进行各品系及♀、♂数目的鉴定。

【作业】

表 20-5 各类果蝇雌雄数目统计表(试管号______)

	♀果蝇	♂果蝇	共计
18 号			
2 号			
6 号			
e			
22 号			

【思考题】

除本实验提及的性状外,果蝇还有哪些较明显的突变性状?

实验二十一　果蝇唾腺染色体的制备与观察

【目的要求】

1. 练习取出果蝇等幼虫唾腺的技术和制作唾腺染色体标本的方法。

2. 观察多线染色体的特征：a. 巨大；b. 体细胞中染色体配对，所以染色体只有半数(n)；c. 各染色体的异染色质多的着丝粒部分互相靠拢形成染色中心(chromocenter)；d. 横纹有深浅、疏密的不同，各自对应排列，这意味着基因的排列。

【实验用品】

1. 材料

黑腹果蝇的三龄幼虫。这种材料既易饲养，又易取得唾腺，但为了得到更好的染色体标本，需要在20～25℃和营养良好的条件下饲养幼虫。选择行动迟缓、肥大，爬上管壁的三龄幼虫(化蛹前)做标本最佳。

2. 器材

双筒解剖镜、显微镜、镊子、解剖针、载玻片、盖玻片、滤纸、绘图纸、煤气灯、染色板、载玻片、指管、温度计、试剂瓶、滴瓶、毛边纸

3. 试剂

1%醋酸洋红：称1克洋红，溶解于浓度为45%的100 mL醋酸溶液中煮沸，冷却后过滤使用。

Ephrussi-Beaclle生理盐水：称取氯化钠7.5 g、氯化钾0.35 g、氯化钙0.21 g溶解于1000 mL蒸馏水中(注意：要等先加入的药品充分溶解后再加下一种药品，尤其是氯化钙，如在其他药品没有充分溶解时加入，要产生沉淀!)。

松香石蜡(balsam paraffin)：用等量的松香和52℃石蜡，放在蒸发皿内用小火熔化(大火要烧起来!)，待两者充分混和成浓的米黄色，取下来冷却凝固。使用时，用烧热铁丝的前端沾少量的熔解物，封在载玻片周围。

其他：无水酒精、70%酒精、冰醋酸、对二氯苯或秋水仙素、醋酸钠、碱性品红、石炭酸、甲醛、山梨醇、纤维素酶、果胶酶、中性树胶或油派胶(Euparal)、二甲苯。

【内容和方法】

1. 实验原理

双翅类昆虫(摇蚊、果蝇等)幼虫期的唾腺细胞很大，其中的染色体称为唾腺染色体(salivary chromosome)。这种染色体比普通染色体大得多，宽约5 μm，长约400 μm，相当于普通染色体的100～150倍，因而又称为巨大染色体。唾腺染色体经过多次复制而并不分开，

大约有 1000～4000 根染色体丝的拷贝,所以又称多线染色体(polytene chromosome)。多线染色体经染色后,出现深浅不同、密疏各异的横纹,这些横纹的数目和位置往往是恒定的,代表着果蝇等昆虫的种的特征。如染色体有缺失、重复、倒位、易位等,很容易在唾腺染色体上识别出来。

2. 操作步骤

(1)把载玻片置于双筒镜下。载玻片上滴加生理盐水一滴,取三龄幼虫放在其中:操作者两手各握一枚解剖针,左手的解剖针压住幼虫后端 1/3 处,固定幼虫;右手的解剖针按住幼虫头部,用力向右拉,把头部从身体拉开,唾腺随之而出。唾腺是一对透明的棒状腺体(图 21-1)。

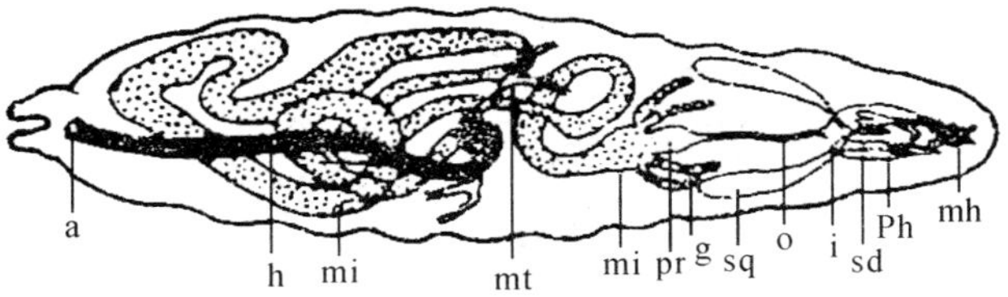

图 21-1 果蝇幼虫

a:肛门;h:后肠;g:盲囊;mi:中肠;i:唾腺原基;mh:大腮钩;o:食道;ph:咽头;pr:前胃;sd:唾腺分泌管;sq:唾腺;mt:马氏管

(2)在载玻片上除去幼虫其他组织部分,并把唾腺周围的白色脂肪剥离干净,再把唾腺移到干净的、预先准备的滴有醋酸洋红的载玻片上。

(3)固定染色 10 min 后,盖上干净的盖玻片,用滤纸先轻轻压一下,吸去多余的染液,然后放在平的桌子上,用大拇指用力压住,并横向揉几次(注意:不要使盖玻片移动,用力和揉动是一个方向,不能来回揉!),用力和揉动方向可因人而异,多做几次,可得较好的片子。

(4)用松香石蜡封片,制成临时标本。

(5)制成的片子在显微镜下观察。如得到的片子完整良好,而且没有气泡,可在冰箱中保持数日。也可以制成永久片,步骤如下:先剔除封蜡,放入固定液(冰醋酸∶酒精=1∶3)中,待盖玻片脱落后,再把有材料的载玻片和盖玻片通过下列顺序:95%酒精 1 min,纯酒精 1 min,再经纯酒精 1 min,取出载玻片,加一小滴油派胶,再取出盖玻片盖上,即可。也可以在纯酒精脱水后,再经过几次不同比例的酒精和二甲苯混合液(3∶1;2∶1;1∶1 等),最后到纯二甲苯,取出后用加拿大树胶封片。但这种方法步骤较多,材料容易丢失。

3. 结果与观察

(1)先用低倍物镜观察片子,找到好的染色体图像后,放到视野中心,再用高倍镜观察。

(2)黑腹果蝇的唾腺染色体是 $2n=2\times4=8$(图 21-2),但因体细胞配对,又因短小的第 4 染色体和 X 染色体的着丝粒在端部,所以染色体的一端在染色中心上,各自只形成一条线状和点状染色体。只有第 2 和第 3 染色体的着丝粒在中央,它们从染色中心以 V 字形向外伸出(2L,2R,3L,3R),因此共有 6 条(图 21-3)。

显微镜下,短小的第 4 染色体有时不易观察到,所以最容易识别的是第 5 条(图 21-4)。雄果蝇的 Y 染色体几乎包含在染色中心里,因为是异染色质,看起来染色可能淡些。有经验的人可以发现雄果蝇的 X 染色体比雌果蝇 X 染色体要细些,因为雄性只有一条 X 染色体。

(3)唾腺染色体上的横纹宽窄、浓淡是一定的,但在果蝇的特定发育时期,它们会出现不

图 21-2 黑腹果蝇唾腺染色体核型

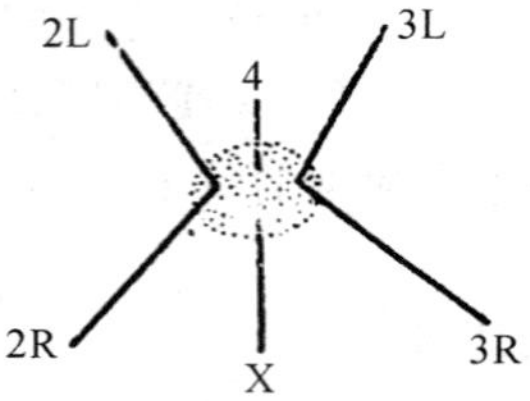

图 21-3 黑腹果蝇唾腺染色体模式核型

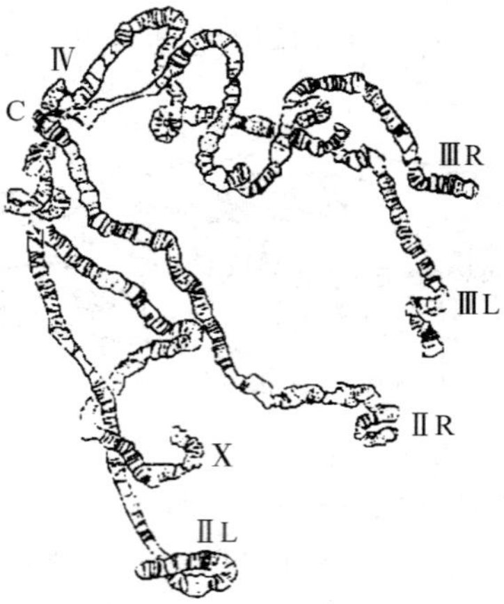

图 21-4 果蝇唾腺染色体

连续的膨胀，这称为疏松区(puff)。目前人们认为这是这部分基因被激活的标志。

【作业】

绘果蝇唾腺染色体图。

【思考题】

1. 如何在双筒镜下区分果蝇唾腺腺体？制作果蝇唾腺染色体时应该注意什么事项？
2. 果蝇唾腺染色体呈何排列？其核型模式如何？

实验二十二　果蝇单因子试验

【目的要求】

1. 熟练掌握基本的杂交实验技术。
2. 掌握基本的遗传结果记录及统计处理方法。
3. 理解孟德尔分离定律的基本内容，通过实验验证分离定律。

【实验用品】

1. 材料

黑腹果蝇（*Drosophila melanogaster*）品系

野生型（长翅），wild type（＋）

突变型（残翅），vestigial type（vg）此基因位于第二染色体

2. 器材

麻醉瓶、白瓷板、毛笔、镊子、酒精棉球、带有培养基的试管

3. 试剂

乙醚

【内容与方法】

1. 实验原理

按照孟德尔第一定律即分离定律，基因是一个独立的单位，基因完整地从一代传递到下一代，由该基因的显隐性决定其在下一代的性状表现。一对杂合状态的等位基因（如 A/a）保持相对的独立性，在减数分裂形成配子时，等位基因（A/a）随同源染色体的分离而分配到不同的配子中去。理论上，配子的分离比是 1∶1，即产生带 A 和 a 基因的配子数相等，因此，等位基因杂合体的自交后代表现为基因型分离比 AA∶Aa∶aa 是 1∶2∶1，如果显性完全，其表型分离比为 3∶1。这就是分离定律的基本内容。

2. 操作步骤

（1）收集处女蝇：由于雌蝇生殖器官中有贮精囊，一次交配可保留大量精子供多次排卵受精用，因此，做杂交实验前必须收集未交配过的处女蝇。由于孵化出的幼蝇在 12 h 内（更可靠是 8 h）不交尾，因此必须在这段时间内把 ♀、♂ 蝇分开培养，所得的♀蝇即为处女蝇。

（2）准备好培养基，按正、反交组合，把已麻醉的长翅♀、残翅♂和残翅♀、长翅♂分别放入不同瓶内进行杂交，贴上标签。标签形式如下：

正交	反交
++(♀) × vgvg(♂)	vgvg(♀) × ++(♂)
日期	日期
姓名	姓名

(3)7～8 天后，见到有 F_1 幼虫出现，即除去亲本果蝇(一定要除干净!)。

(4)再过 3～4 天，观察 F_1 成虫翅膀形状，根据理论，不管正交还是反交，♀蝇和♂蝇都是长翅。若出现残翅，说明实验时没有选好处女蝇或♀、♂蝇鉴别有误。

(5)所出现的 F_1♀、♂果蝇麻醉后，挑 5～6 对果蝇换入新的培养基继续饲养(此处无需处女蝇，为什么?)。正交和反交各一瓶贴上标签。

(6)7～8 天后除去 F_1 代亲本。

(7)再过 3～4 天，F_2 代成蝇出现，麻醉后(可以深度麻醉)倒在白瓷板上，进行统计。每隔两天统计一次，连续统计 6～7 天，被统计过的果蝇倒入水槽冲掉或放入死蝇盛器中。

3. 结果与观察

定期统计 F_1、F_2 代各类果蝇的性状及数目。

【作业】

表 22-1　F_2(正、反交合并统计)果蝇数目

统计日期	长翅	残翅
合计		

表 22-2　X^2 测验(测验观察数与理论数符合程度)

	长　翅	残　翅	合　计
实验观察数 (D)			
理论数(3∶1)(C)			
偏差($O-C$)			
$\frac{(O-C)^2}{C}$			

$$\chi^2 = \sum \frac{(O-C)^2}{C} =$$

$$P =$$

根据 χ^2 测定,查 χ^2 表,若 $P > 0.05$,说明实验符合基因分离定律的假说。若 $P < 0.05$,也就是否定了原来的假设,说明这个实验数据不能用分离定律来解释。

【思考题】

1. 果蝇杂交应注意哪些事项?
2. 在进行亲本杂交和 F_1 自交一定时间后为什么要倒去杂交亲本?

附录 实验说明

1. 性状特征:野生型果蝇(++)的双翅为长翅,翅长超过尾部;残翅果蝇(vgvg)的双翅几乎没有,只有少量残痕,无飞翔能力。(vg)的座位是第二染色体 67.0。

2. 交配方式:

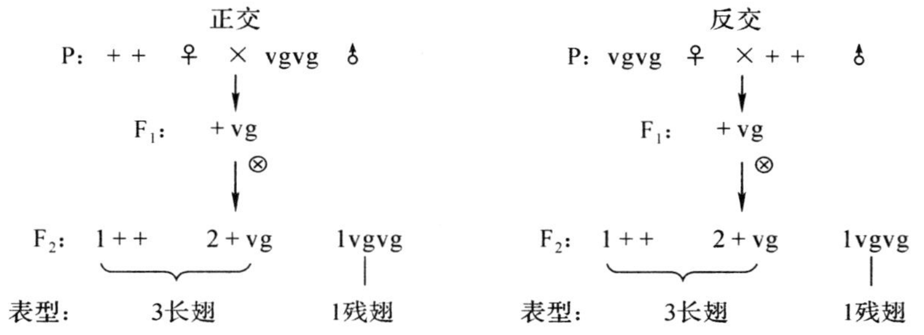

无论正交、反交,F_1 代都为(+vg),F_1 代自交所得 F_2 代也均为(++)、(+vg)、(vgvg)三种基因型,且比例为 1∶2∶1,表型比为 3∶1,即常染色体性状遗传的正、反交结果一致。

实验二十三　果蝇的伴性遗传

【目的要求】

1. 记录交配结果和掌握统计处理方法。
2. 正确认识伴性遗传的正、反交的差别。

【实验用品】

1. 材料
黑腹果蝇(*Drosophila melanogaster*)品系
野生型(红眼),wild type(+)
突变型(白眼),white eye(w),此基因在X染色体上
2. 器材:双筒解剖镜、大指管、麻醉瓶、磁板、海绵板、解剖针、毛笔、镊子
3. 试剂:红糖、麸皮、琼脂、干酵母等

【内容和方法】

1. 实验原理
位于性染色体上的基因,其传递方式与位于常染色体上的基因不同,它的传递方式与雌雄性别有关,称为伴性遗传(sex-linked inheritance)。
2. 操作步骤
(1)收集处女蝇:由于雌蝇生殖器官中有贮精囊,一次交配可保留大量精子,供多次排卵受精用,因此做杂交实验前必须收集未交配过的处女蝇。由于孵化出的幼蝇在12 h内(更可靠是8 h)不交尾,因此必须在这段时间内把♀、♂蝇分开培养,所得的♀蝇即为处女蝇。
(2)准备好培养基,按正、反交组合,把已麻醉的红眼♀、白眼♂和红眼♂、白眼♀分别放入不同瓶内进行杂交,贴上标签。标签形式如下:

A组合
++(♀) × wY(♂)
日期
姓名

B组合
ww(♀) × +Y(♂)
日期
姓名

(3)6~7天后,见到有F_1幼虫出现,即除去亲本果蝇(一定要除干净!)。
(4)再过3~4天,观察F_1成蝇的性状(正、反交有什么不同?眼色和性别的关系如何?)。

(5)所出现的 F_1♀、♂果蝇麻醉后,挑 3~5 对果蝇换入新的培养基继续饲养(此处无需处女蝇,为什么?)。两组合后代不能混合,应分别培养。

(6)6~7 天后除干净 F_1 代亲本果蝇。

(7)再过 3~4 天,F_2 代成蝇出现,麻醉后倒在白瓷板上观察眼色和性别,进行统计。

(8)每隔 1~2 天统计一次,累积 6~7 天数据。

3. 实验结果及统计

A 组合:(正交)♀++×wY♂

F_1

观察结果 / 统计日期	各类果蝇数目	
	红眼♀[+]	红眼♂[+]

B 组合:(反交)♀ww×+Y♂

F_1

观察结果 / 统计日期	各类果蝇数目	
	红眼♀[+]	白眼♂[w]

A 组合:

F_2

观察结果 / 统计日期	各类果蝇数目			
	红眼♀[+]	红眼♂[+]	红眼♀[+]	白眼♂[w]
合计				
百分比				

B组合：

F_2

观察结果 / 统计日期	各类果蝇数目			
	红眼♀[+]	红眼♂[+]	白眼♀[w]	白眼♂[w]
合　计				
百分比				

χ^2 测定：

$$\chi^2 = \sum \frac{(观察值 - 理论值)^2}{理论值}$$

根据 χ^2 测定，查 χ^2 表，若 $P > 0.05$，说明观察值与理论值之间的偏差是没有意义的，也就是说，可以认为观察值是符合假设的。具体对这个实验来说，所得到的实验结果应该是符合伴性遗传的假设，也就是说眼色的这对性状是由位于性染色体 X 上的一对等位基因控制的。

附录　实验说明

1. 交配方式（图 23-1）：

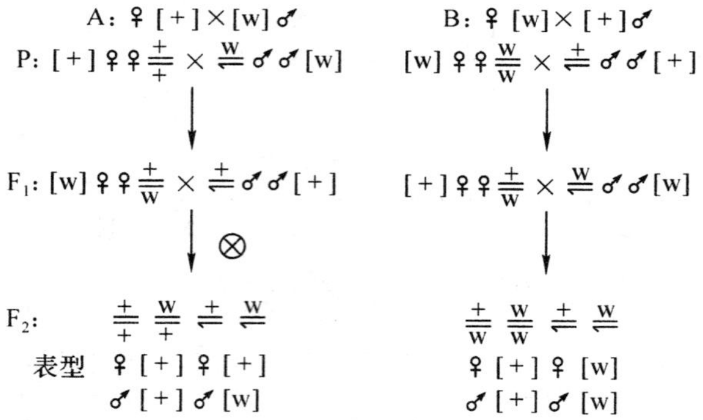

图 23-1　果蝇交配方式图示

若 A 为正交，F_1 代♀、♂都为野生型（+），F_1 相互交配得 F_2 代，则♀都是野生型（+），♂性则野生型（+）和白眼（w）各占一半，比例为 1∶1。

B 是 A 的反交，F_1 代与 A 不同，♀为野生型（+），而♂为白眼（w），此现象又称为绞花式遗传（lriss-cross inheritance）。F_1 相互交配得 F_2 代，♀的红眼与白眼比例为 1∶1，♂的红眼与白眼比例也是 1∶1。

【注意】

1. 常染色体性状遗传的正、反交所得子代♀、♂性状相同,而伴性遗传则有不同。

2. 在进行伴性遗传实验时,也有例外个体产生,这是由于两条 X 不分离造成的(B 杂交组合),F_1 中出现了不应该出现的♀性白眼,但这种情况极为罕见,约几千个体中有一个。

2. 不分离现象见图 23-2。

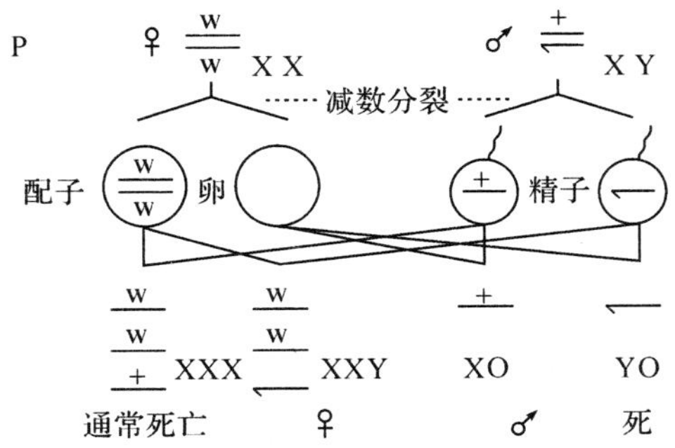

图 23-2 果蝇的不分离现象

实验二十四　果蝇二对因子的自由组合杂交试验

【目的要求】

1. 了解两对基因的杂交方法。
2. 记录交配结果和掌握统计处理方法。
3. 正确认识二对基因自由组合的原理。

【实验用品】

1. 材料

黑腹果蝇(*Drosophila melanogaster*)的突变品系

黑檀体突变型,ebony(e)位于第三染色体

残翅突变型,vestigial(vg)位于第二染色体

2. 器材:双筒解剖镜、大指管、麻醉瓶、磁板、海绵板、解剖针、毛笔、镊子

3. 试剂:红糖、麸皮、琼脂、干酵母等

【实验内容】

1. 实验原理

位于非同源染色体上的两对基因,它们所决定的两对相对性状在杂种第二代是自由组合的。根据孟德尔第二定律,一对基因的分离与另一对(或另几对)基因的分离是独立的,所以一对基因所决定的性状在杂种第二代是 3∶1 之比,而两对不相互连锁的基因所决定的性状,在杂种第二代就呈 9∶3∶3∶1 之比。

2. 操作步骤

(1)收集雌果蝇品系的处女蝇。

(2)准备好培养基,把已麻醉的残翅♀、♂果蝇和黑檀体♀、♂果蝇,按正、反交方式,分别放入不同培养瓶内,进行杂交,贴好标签。标签形式如下:

vgvg++ × ++ee ♀　　　　♂	++ee × vgvg++ ♀　　　　♂
日期	日期
姓名	姓名

(3)6～7 天后,见到有 F_1 幼虫出现,除去亲本(除干净!)。

(4)再过 3～4 天,检查 F_1 成蝇的性状,应该是灰体、长翅(正、反交相同)。若性状不符,表明实验有差错,不能再进行下去。发生差错的原因可能是亲本雌果蝇不是处女蝇,F_1 幼虫出现后亲本未倒干净,杂交时雄蝇选择有误,以及亲本原种不纯等等。

(5)按原来的正、反交各选 5～6 对 F_1 成蝇(♀、♂),换新的培养瓶,继续饲养(此时不需要处女蝇)。

(6)6～7 天后,除去 F_1 代亲本。

(7)再过 3～4 天,F_2 代成蝇出现,麻醉后(可以深度麻醉)倒在白瓷板上,进行统计。每隔两天统计一次,连续统计 6～7 天(当 F_3 出现就失去意义了)。

3. 结果

F_2(正、反交合并统计)果蝇数目:

子代类型 / 统计日期	长 灰	长 黑	残 灰	残 黑
合 计				

用 χ^2 方法测验观察数与理论数符合程度。

$$\chi^2 = \sum \frac{(\text{观察值} - \text{理论值})^2}{\text{理论值}}$$

自由度 $= 4 - 1 = 3$

	长 灰	长 黑	残 灰	残 黑	合 计
实验观察数 (O)					
理 论 数 (9∶3∶3∶1) (C)					
偏 差 ($O-C$)					
$\frac{(O-C)^2}{C}$					

若 $P > 0.05$,说明实验符合二对因子自由组合的假说。

若 $P < 0.05$,说明这个实验数据不能用二对因子的自由组合来解释,也就是否定了原来的假设,即不能认为是自由组合。

附录 实验说明

1. 性状特征：黑檀体果蝇(e)的体色乌黑，与黑体(b)相似，但是它们是由不同染色体上的基因决定的。与(e)相对应的野生型性状是灰体，(e)的座位是第3染色体70.7。残翅果蝇(vg)的双翅几乎没有，只有少量残痕。与(vg)相对应的野生型是长翅。(vg)的座位是第二染色体67.0。

2. 交配方式：由于(e)和(vg)是在不同对的染色体上，两对因子杂种在形成生殖细胞时会产生四种不同类型配子，比例为1∶1∶1∶1。如子一代个体相互交配，则通过♀♂配子相互结合，在子二代可得到16种组合，其中9种灰长，3种黑长，3种灰残，1种黑残。如图24-1所示：

P：♀ + + ee × vgvg + + ♂

$\frac{+}{+}\ \frac{e}{e}$ 　　 $\frac{vg}{vg}\ \frac{+}{+}$

黑檀体 ↓ 残翅

F_1 　 $\frac{+}{vg}\ \frac{+}{e}$ 野生型

↓ ♀、♂ 相互杂交

F_2	+	+	+	e	vg	+	vg	e
+ +	$\frac{+}{+}$	$\frac{+}{+}$	$\frac{+}{+}$	$\frac{+}{e}$	$\frac{+}{vg}$	$\frac{+}{+}$	$\frac{+}{vg}$	$\frac{+}{e}$
+ e	$\frac{+}{+}$	$\frac{+}{e}$	$\frac{+}{+}$	$\frac{e}{e}$	$\frac{+}{vg}$	$\frac{e}{+}$	$\frac{+}{vg}$	$\frac{e}{e}$
vg +	$\frac{+}{vg}$	$\frac{+}{+}$	$\frac{+}{vg}$	$\frac{e}{+}$	$\frac{vg}{vg}$	$\frac{+}{+}$	$\frac{vg}{vg}$	$\frac{+}{e}$
vg e	$\frac{+}{vg}$	$\frac{+}{e}$	$\frac{+}{vg}$	$\frac{e}{e}$	$\frac{vg}{vg}$	$\frac{+}{e}$	$\frac{vg}{vg}$	$\frac{e}{e}$

图 24-1 果蝇二对因子杂交试验 F_2 分离情况

整理后：

1＋＋＋＋，2＋e＋＋，2＋＋＋vg，4＋e＋vg，共9种(＋)(＋)；

1＋＋vgvg，2＋evgvg，共3种(＋)(vg)；

1ee＋＋，2ee＋vg，共3种(e)(＋)；

所以表型比例是9∶3∶3∶1。；

1eevgvg，共1种(e)(vg)。

若用反交：即♀vgvg＋＋×＋＋ee ♂，其结果应该与前面正交相同(读者可以练习一下)。因残翅果蝇不能飞，只能爬行，所以作雌体亲本比较好，若作雄亲本，得到的子代将减少很多，因而在本例中反交比正交好。

实验二十五　果蝇三点试验

【实验目的】

1．了解绘制遗传学图的原理和方法。

2．学习实验结果的数据处理。

【实验用品】

1．材料

黑腹果蝇品系：

野生型果蝇（＋＋＋）长翅、直刚毛、红眼

三隐性果蝇（m sn^3 w）小翅、焦刚毛、白眼

2．器材：解剖镜、麻醉瓶、海绵、毛笔、镊子、吸水纸、培养瓶

3．试剂：乙醚

【内容和方法】

1．实验原理

基因图距是通过重组值的测定而得到的。如果基因座位相距很近，重组率与交换率的值相等，就可以根据重组率的大小作为有关基因间的相对距离，把基因按顺序地排列在染色体上，绘制出基因图。但如果基因间相距较远，两个基因间往往发生两次以上的交换，这时如简单地把重组率看作交换率，那么交换率就要低估了，图距自然也随之缩小了。这时需要利用实验数据进行校正，以便正确估计图距。根据这个道理，就可以确定一系列基因在染色体上的相对位置。例如 a、b、c 三个基因是连锁的，要测定三个基因的相对位置可以用野生型果蝇（＋＋＋，表示三个野生型基因）与三隐性果蝇（a、b、c 三个突变隐性基因）杂交，制成三因子杂种 abc/＋＋＋，再把雌性杂种与三隐性个体测交，由于基因间的交换，在下代中就可得到 8 种不同表型的果蝇。这样，经过数据处理，一次试验就可以测出三个连锁基因的距离和顺序。这种方法，叫做三点测交或三点试验。

2．操作步骤

（1）收集三隐性个体的处女蝇，培养在培养瓶中，每瓶 5～6 只。

（2）杂交：挑出野生型雄蝇放到处女蝇瓶中去杂交，每瓶 5～6 只。贴好标签，在 25℃中培养。标签形式如下：

$$\frac{m\ sn^3\ w}{m\ sn^3\ w} \times \frac{+\ +\ +}{\quad}$$

♀　　　　　　　　♂

年　　月　　日　　　　　姓名＿＿＿＿＿＿

(3)7～8 天以后，出现蛹，倒去亲本。

(4)再 4～5 天后，蛹孵化出子一代(F_1)成蝇。可以观察到 F_1 雌蝇全部是野生型表型，雄蝇都是三隐性。

(5)从 F_1 代中选 20～30 对果蝇，放到新的培养瓶中继续杂交，每瓶 5～6 对。

(6)7～8 天后，蛹出现，倒去亲本。

(7)再 4～5 天后，蛹孵化出子二代(F_2)成蝇，开始观察。

(8)把 F_2 果蝇倒出麻醉，放在白瓷板上，用实体显微镜检查眼色、翅形、刚毛，各类果蝇分别计数，检查过的果蝇倒掉。2 天后再检查第二批，连续检查 8～10 天，即 3～4 次。注意，在 25℃下，自第一批果蝇孵化出 10 天内是可靠的。超过 10 天，F_3 代就可能会出现了。要求至少统计 250 只果蝇。

3. 结果

按下列顺序填表 25-1 和计算(所列数字系举例说明)。

(1)先写出所得到的 F_2 代 8 种表型，填上观察数，计算总数。

表 25-1 三点测交试验中观察的记录

	测交后代表型			观察数	重组发生在		
					$m-sn^3$	$m-w$	$w-sn^3$
	sn^3	w	m	372	−	−	−
	+	+	+	285	−	−	−
{	+	w	+	95	−	+	+
	sn^3	+	m	97	−	+	+
{	sn^3	+	+	4	+	−	+
	+	w	m	4	+	−	+
{	+	+	m	91	+	+	−
	sn^3	w	+	52	+	+	−
	总计			1000	151	335	200
	重组值				15.1%	33.5%	20.0%

(2)填写“基因是否重组一栏”。因为测交亲本是三隐性，所以若基因间有交换，便可在表型上显示出来，因而从测交后代的表型便可推知某两个基因是否重组。

(3)计算基因间的重组值

$m-sn^3$ 间的重组值$=\frac{151}{1000}\times100\%=15.1\%$

$m-w$ 间的重组值$=\frac{335}{1000}\times100\%=33.5\%$

$w-sn^3$间的重组值$=\frac{200}{1000}\times100\%=20.0\%$

(4)画遗传学图(图 25-1)

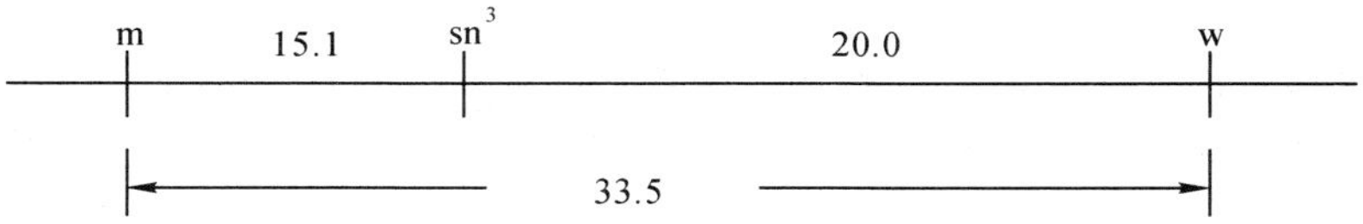

图 25-1　X 染色体上三基因的定位

m—w 间重组值小于 m—sn^3 间和 sn^3—w 间重组值之和，这是什么原因？

(5)计算双交换值

m—w 间重组值小于 m—sn^3 与 w—sn^3 间重组值之和，这是因为两个相距较远的基因发生了双交换的结果。而这种发生了双交换的果蝇在基因顺序尚未揭晓时，即当遗传学图还没有画出时，是难以确定的。遗传学图画出以后(如图 25-1)，可以分析出在 m—w 间发生双交换能产生两种表型的果蝇：m＋w(小翅、直刚毛、白眼)和＋sn^3＋(长翅、卷刚毛、红眼)。这两种果蝇有 8 只。在计算 m—w 间重组值时，这个值没有被计算进去。两个相距较远的基因的重组值被低估了，低估的值是 8/1000×100％＝0.8％

因为是双交换，所以再乘以 2，得 0.8％×2＝1.6％。这就是校正值。画出图距如图25-2。

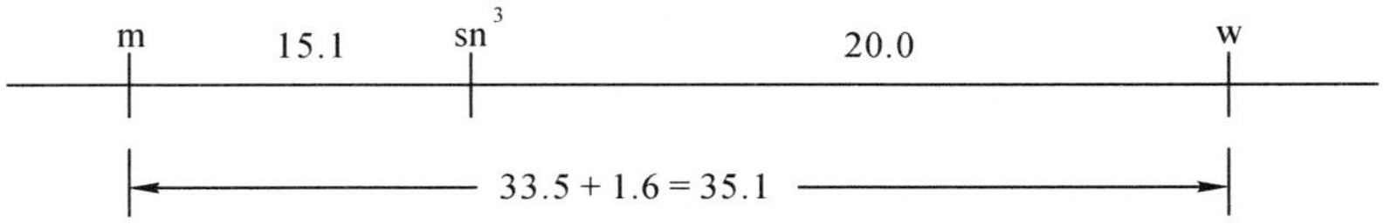

图 25-2

把双交换值考虑进去后，m—w 间重组值刚好等于 m—sn^3 与 sn^3—w 间重组值之和。

(6)计算并发率和干涉

如果两个基因间的单交换并不影响邻近两个基因的单交换，那么预期的双交换频率应等于两个单交换频率的乘积，但实际上观察到的双交换频率往往低于预期值。因为每发生一次单交换，它邻近也发生一次交换的机会就减少一些，这叫做干涉。一般用并发率来表示干涉的大小：

$$并发率=\frac{观察到的双交换频率}{两个单交换频率的乘积}$$

干涉＝1－并发率

在上例中：

$$并发率=\frac{0.8\%}{15.1\%\times 20.0\%}=0.26$$

干涉＝1－0.26＝0.74

附录　实验说明

1. 性状特征：三隐性果蝇(m sn^3 w)个体的翅膀比野生型的翅短些，翅仅长至腹端，称小翅(m)，刚毛是卷曲的，称焦刚毛(sn^3)或卷刚毛，眼睛是白色(w)。这三个基因都在 X 染色体上。

2. 交配方式：把三隐性雌蝇与野生型雄蝇杂交，子一代雌、雄果蝇相互交配，得测交后代，如图 25-3 所示。

子一代的雌蝇表型是野生型，雄蝇是三隐性，得到的测交后代其中多数个体与原来亲本相同。同时也会出现少量与亲本不同的个体，称重组型。重组型是基因间发生交换的结果（图 25-4）。

子一代雌蝇是三因子杂合体，可形成 8 种配子，而子一代雄蝇是三隐性个体，所以子一代雌雄蝇相互交配时，子二代可得到 8 种表型。根据 8 种表型的相对频率，可以计算重组值，并确定基因排列顺序，如图 25-3，25-4。

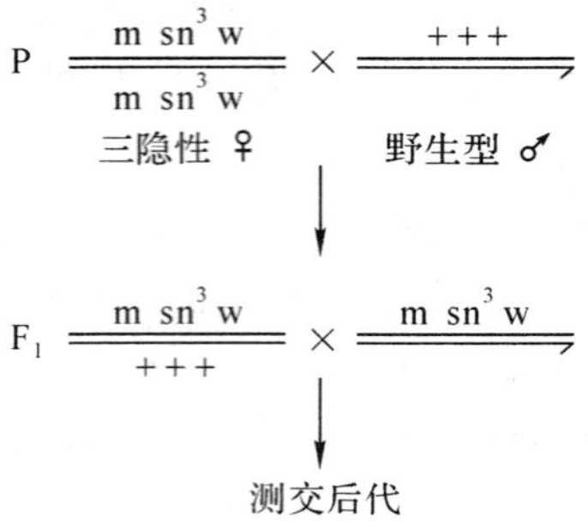

图 25-3　三点测交中得到测交后代的交配方式

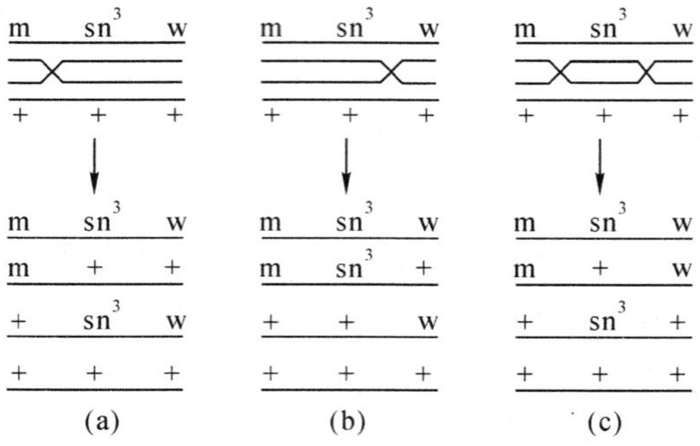

图 25-4　在连锁的三对基因杂种中，交换可以发生在 m-sn^3 间(a)，可以发生在 sn^3-w 间(b)，或者同时发生在 m-sn^3 间和 sn^3-w 间(c)。总共可以产生 8 种不同配子

3. 图距和重组值的关系：图距表示基因间的相对距离，通常是由两个邻近的基因图距相加得来的，重组值表示了基因间的交换频率，所以图距往往并不同于重组值。图距可以超过 50%，重组值只会逐渐接近而不会超过 50%。只有在基因相距较近时，图距才和重组值相等。

实验二十六 小鼠睾丸减数分裂标本的制备和观察

【目的要求】

1．掌握小鼠睾丸生精细胞减数分裂标本的制备技术。

2．了解小鼠睾丸生精细胞减数分裂各个时期的特点。

【实验用品】

1．材料：ICR 雄性小鼠（30 g 左右）

2．器材：解剖盘、解剖剪、大小镊子、培养皿、吸管、离心管、量筒、记号笔、试管架、香柏油、二甲苯、药物天平、离心机、恒温水浴箱、冰载玻片、酒精灯、显微镜

3．试剂：200μg/mL 秋水仙素、0.075mol/L 氯化钾低渗溶液、甲醇—冰乙酸（3：1）固定液、pH7.5 磷酸缓冲液、Giemsa 染液、PBS 缓冲液

【内容与方法】

1．实验原理

从理论上讲，任何处于分裂期的细胞都可以作为染色体标本制备的材料，不论是有丝分裂还是减数分裂。雄性动物的睾丸是产生生殖细胞的器官，成熟雄鼠睾丸组织具有处于不同发育阶段的细胞：精原细胞、初级精母细胞、次级精母细胞、精细胞和精子。因此，成年雄鼠经秋水仙素的处理，抑制细胞分裂，积累大量的分裂细胞，可获得处于减数分裂各个时期的细胞染色体。

2．操作步骤

（1）取 30 g 左右成熟雄性小鼠，于实验前 6 h 腹腔注射秋水仙素 3 μg/kg。

（2）采用颈椎脱臼法处死小鼠。

（3）把处死的小鼠腹面朝上置于解剖盘里，用解剖剪剪开暴露腹腔，用镊子把覆盖在盆腔上面的脂肪轻轻上提，睾丸即暴露出来。睾丸白色，用眼科剪剪下并分离系膜。把分离干净的小鼠睾丸置于培养皿 PBS 液中冲洗一次，再加 PBS 约 5 mL，去除睾丸包膜后剪碎，用滴管吹打后静止片刻，吸取上层细胞悬液于离心管中。

（4）1000 rpm（约 300 g 离心力，下同）离心 10 min，用滴管吸去上清液，留沉淀。

（5）沉淀中加入 7～8 mL 37 ℃预热的低渗溶液，用滴管轻轻吹打均匀，置 37 ℃恒温水浴箱低渗处理 40 min。低渗处理后加入新鲜配制的固定液 1 mL，吹打均匀，1000 rpm 离心 10 min，吸去上清液，留沉淀。

（6）沉淀加固定液 5 mL，吹打均匀，固定 20 min，1000 rpm 离心 10 min，吸去上清液，

留沉淀。

(7)沉淀再加固定液 5 mL，固定 20 min 或 4 ℃过夜。1000 rpm 离心 5～6 min，吸去上清液，留少量固定液和沉淀在管内，轻轻吹打均匀。一手将玻片从冰水中取出，另一手拿滴管，从离玻片 20～30 cm 处将悬液悬空滴下，并立即顺玻片斜面，用口轻轻吹散，再在酒精灯上微烤烘干(注意温度不能太高)，或自然干燥。

(8)染色：临用前将 Giemsa 原液用 pH7.5 磷酸缓冲液按 1：10 稀释配成工作液。将工作液滴于玻片标本上有细胞的部位染色 10～30 min，自来水冲洗，晾干。

3. 结果观察

取染色后晾干的标本，先用低倍镜观察，可见大量初级精母细胞和次级精母细胞。选择初级精母细胞的细线期、偶线期、粗线期、双线期、终变期、中期 Ⅰ 和次级精母细胞的中期 Ⅱ 等时期，在高倍镜下仔细观察，计数终变期或中期 Ⅰ 细胞二价体的数目。减数分裂各个时期形态特征参见图 26-1 和实验六。

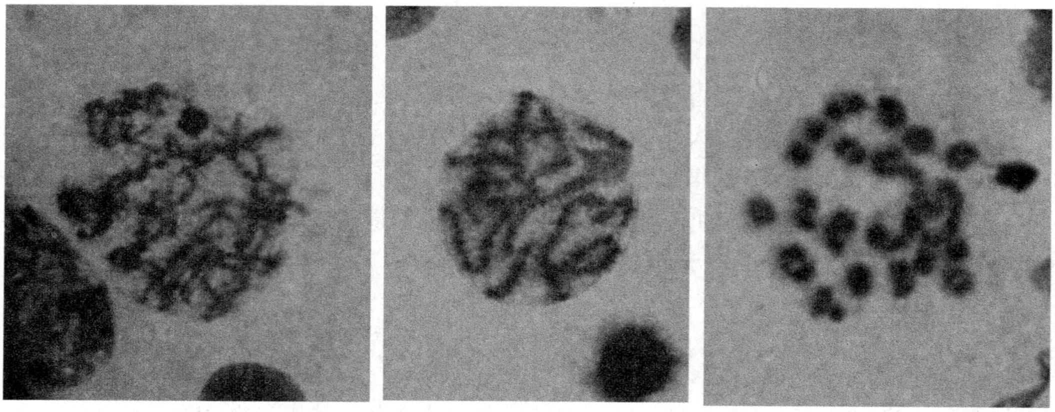

(a) (b) (c)

图 26-1 小鼠睾丸生殖细胞减数分裂图谱

(a)细线期；(b)粗线期；(c)中期 Ⅰ

【作业】

1. 根据观察结果，描述小鼠睾丸细胞减数分裂各个时期的特点，选择 2～3 个时期绘图。

2. 计数终变期或中期 Ⅰ 细胞二价体的数目，每人计数 5 个细胞。

【思考题】

已知小鼠体细胞有 40 条染色体。请问，在减数分裂终变期或中期 Ⅰ 有多少个二价体？到了次级精母细胞也即第二次减数分裂时期，细胞中的染色体数是多少？

实验二十七　细胞微核技术

【目的要求】

1．掌握小鼠骨髓嗜多染红细胞(PCE)微核制备的实验方法和结果的观察分析方法。

2．初步了解微核技术在检测细胞染色体损伤方面的应用价值。

【实验用品】

1．材料：小白鼠，要求体重在 20～25 g

2．器材：解剖盘、手术剪、手术镊、吸管、纱布、平皿、注射器、离心管、玻片、酒精灯、染色缸、离心机、显微镜、细胞计数器

3．试剂：生理盐水、甲醇、Giemsa 原液、pH6.8 磷酸缓冲液、丝裂霉素 C

【内容与方法】

1．实验原理

微核是指存在于细胞主核之外，游离于细胞质中的一种颗粒，大小相当于细胞直径的 1/20～1/5，呈圆形或椭圆形，其染色与细胞核一致，在间期细胞中可出现一个或多个。现已证实，微核是由染色单体或染色体的无着丝粒断片，或因纺锤丝受损伤而丢失的整个染色体所形成的产物。它们在细胞分裂后期，不受纺锤丝的牵引而滞留在赤道板附近，不能随其他染色体移向两极参与两个细胞核的形成，结果在细胞质中独自形成微核。研究证实，微核与主核一样，都是由 DNA 物质组成的。因此，凡能使染色体发生断裂损伤并延迟到细胞分裂后期，或使染色体和纺锤体联结遭到破坏的遗传损伤，都可用微核试验来检测。微核试验是检测染色体断裂损伤的快速而又行之有效的实验方法，操作简便快速，方法易于掌握，而且能较真实的反映体内的情况，具有一定的灵敏度和可信度。因此，微核试验在理化因子损伤效应研究、放射损伤的诊断、辐射防护剂和增敏剂的选择以及肿瘤治疗等方面，具有广泛的应用。

微核可以出现在多种细胞中，但在有核细胞中较难与正常核的分叶及核突出物等相区别。由于红细胞在成熟之前最后一次分离后数小时可将主核排出，而仍保留微核于 PCE 细胞中，因此通常可计数 PCE 细胞中的微核。

2．操作步骤

(1)动物处理：可采用理化物质的染毒处理和射线的辐射处理等。

①染毒处理：根据不同的毒物选择不同的染毒途径。以丝裂霉素 C 为例，一般常用腹腔注射；染毒剂量 10 mg/kg，设阴性对照，用生理盐水代替丝裂霉素 C 注射；染毒时间一般选在取样前 4 天左右，染毒次数 2～3 次，隔 24 h 注射一次，第 5 天取样。

②辐射处理：用^{60}Co-γ 射线一次性照射；吸收剂量为 5.0 Gy/只，剂量率为 0.43 Gy/min，阴性对照组不经辐射处理；照射后第 5 天取样。

(2)骨髓细胞收集：用颈椎脱臼法处死处理好的小鼠，取出股骨，用纱布剔除肌肉后置平皿，用生理盐水清洗后，将股骨从中间剪断，用注射器吸取 2 mL 生理盐水，冲出骨髓腔内的骨髓，用吸管吹打均匀后移入离心管，1000 rpm 离心 10 min，弃去多余的上清液，留下约 0.5 mL 与沉淀物混匀后，滴一滴在清洁的载玻片上，推片。

(3)固定：将晾干的骨髓片放入玻璃染色缸，用甲醇溶液固定 15 min，取出晾干。

(4)染色：在固定晾干的骨髓片上滴上新鲜配置的 Giemsa 工作液(Giemsa 原液与 pH 6.8 磷酸缓冲液 1∶9 混合)，均匀分布，染色 15～20min，流水冲洗，晾干。

3. 结果与观察

先在低倍镜下进行观察，选择分布均匀，染色较好的区域，再在油镜下按一定顺序进行骨髓嗜多染红细胞及微核的观察计数。PCE 细胞呈灰蓝色，正常成熟的红细胞为橘黄色；PCE 中的微核嗜色性与折光性与核质一致，呈紫红色或蓝紫色，典型的微核呈圆形，边缘光滑整齐，也可见椭圆形、肾形等不同的形状(见图 27-1)；PCE 中微核的数目多为 1 个，也可出现 2 个或 2 个以上，此时仍按 1 个有微核的 PCE 计算。计数 200 个细胞中 PCE 与正常红细胞的比值，并计数 1000 个 PCE 中含微核的 PCE 数。

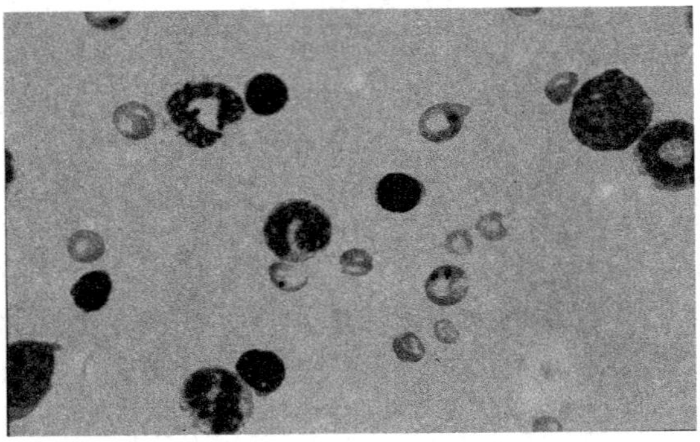

图 27-1 骨髓嗜多染红细胞微核

【作业】

计数正常对照小白鼠和染毒或辐射处理的小白鼠 PCE 中微核的出现率，并比较两者微核出现率差异有无显著性意义。

【思考题】

1. 本实验为何选取骨髓标本？为何选择计数 PCE 中的微核？
2. 观察 PCE 中微核时应注意事项有哪些？判断 PCE 中微核的标准是什么？

实验二十八　单细胞凝胶电泳技术检测细胞 DNA 损伤

【目的要求】

1. 掌握单细胞凝胶电泳技术方法和注意事项。
2. 了解单细胞凝胶电泳技术的原理和应用范围。

【实验用品】

1. 材料：小白鼠，要求体重在 20～25 g
2. 器材：解剖盘、解剖剪、解剖镊、吸管、纱布、平皿、注射器、离心管、磨砂玻片、盖玻片、细胞计数板、细胞计数器、加样枪、离心机、高速离心机、显微镜、荧光显微镜、恒温水浴箱、水浴锅、电炉、冰箱、电泳仪、电泳槽
3. 试剂：氯化镉、pH 7.4 磷酸盐缓冲液、0.4％台盼蓝染液、0.5％和 1.0％正常熔点琼脂糖、0.75％低熔点琼脂糖、裂解液、中性化液、电泳缓冲液、EB(溴乙锭)荧光染料

【内容与方法】

1. 实验原理

包埋于琼脂糖中的细胞在裂解时细胞膜、核膜及其他膜结构受到破坏，胞内蛋白质、RNA 及其他成分均可进入凝胶，由于核 DNA 的相对分子质量很高，在凝胶的电泳场中，只能留于原位。当经理化物质或辐射引起 DNA 受损产生链断裂时，正常的 DNA 超螺旋结构变得松弛，DNA 环向外伸展。链缺口暴露了阴电荷，高 pH 促使 DNA 变性和解螺旋，从而有利于单链和双链 DNA 断片在凝胶电泳场中移动。在电场力作用下，细胞核中带阴电荷的 DNA 断片离开核 DNA，在凝胶分子筛中向阳极移动，形成“彗星”状图像。含 DNA 链缺口越多，则进入尾部的 DNA 越多，表现为尾长和尾部荧光增强。未损伤细胞在电泳中 DNA 仍停留于核中，形成圆形荧光团。因此单细胞凝胶电泳是一种灵敏的检测 DNA 断裂损伤的方法，通过测定 DNA 迁移部分的光密度或迁移长度，可定量测定 DNA 损伤程度，目前较多用于人类及小鼠生殖细胞、小鼠骨髓细胞及肝细胞等细胞 DNA 损伤的检测，以及白血病化疗后凋亡细胞的检测等。

2. 操作步骤

(1)动物处理：可采用理化物质的染毒处理和射线的辐射处理等。

①染毒处理：根据不同的毒物选择不同的染毒途径，以氯化镉为例，一般常用腹腔注射；染毒剂量 10 mg/kg，设阴性对照，用 pH 7.4 磷酸盐缓冲液代替氯化镉注射；染毒时间一般选在取样前 4 天左右，染毒次数 3～4 次，隔 24 h 注射一次，第 5 天取样。

②辐射处理：用^{60}Co-γ射线一次性照射，吸收剂量为5.0 Gy/只，剂量率为0.43 Gy/min，阴性对照组不经辐射处理。照射后第5天取样。

(2)细胞悬液制备：以小鼠骨髓细胞为例，小鼠以颈椎脱臼法处死，取股骨骨髓，用pH 7.4磷酸盐缓冲液制成细胞悬液，调细胞密度到$0.3\times10^{10}\sim0.6\times10^{10}$个/L，并用台盼蓝染液测细胞活力，一般活力＞90%的细胞悬液可用，再将10 μL细胞悬液与140 μL 0.75%低熔点琼脂糖混合成含待测细胞的低熔点琼脂糖。

(3)制胶：取磨砂载玻片，在其毛面铺1.0%正常熔点琼脂糖1 mL，室温凝固后刮去；接着铺第一层0.5%正常熔点琼脂糖80 μL，立即加盖玻片，置4℃凝固5 min后取出，小心取下盖玻片，再铺第二层含待测细胞的低熔点琼脂糖75 μL，立即加盖玻片，4℃凝固10 min；取下盖玻片，在第二层胶上再铺一层0.75%低熔点琼脂糖75 μL，加盖玻片，4℃凝固10 min，取下盖玻片。

(4)裂解：将制好的胶片浸于新鲜配制的冷裂解液中(裂解液配制：氯化钠14.61 g，Na_2-EDTA 3.72 g，Tris 0.12 g，十二烷基肌氨酸钠1.00 g，加蒸馏水定容至89 mL，临用前加TritionX-100 1 mL，二甲亚砜10 mL，并调节pH至10.0，置4℃备用)，4℃裂解1 h。

(5)电泳：裂解完成后取出胶片控干，置于水平电泳槽中，玻片间不留空隙(如有空隙应用空的玻片补充)，槽内加电泳液(氢氧化钠42 g，Na_2-EDTA 1.302 g，加蒸馏水3500 mL)至液面高出玻片0.2 cm，静置20 min，然后在25V恒压条件下通过升降电泳液面高度，将电流调至80 mA，电泳20 min。

(6)中和：电泳好后取出玻片，用中性化液(0.4 mol/L Tris-盐酸缓冲液，pH 7.5)浸泡两次，每次10 min。

(7)染色：控干玻片，将胶浸入2 μg/mL溴乙锭染色液中(贮备液浓度为20 μg/mL，临用时稀释10倍)，染色10～20 min。以上步骤(2)～(7)中应在暗处进行，以避免额外的DNA损伤。

3. 结果与观察

将染好的胶片置蒸馏水中浸泡10 min后擦干，在荧光显微镜下用波长为450～490 nm的荧光观察。每个样本计数100个细胞，每一处理组共计数400个细胞，计算"凋亡彗星"的百分率。根据彗星尾部的DNA含量将DNA损伤程度分为5级(见图28-1)。0级：彗星尾部DNA含量＜5%，无损伤，细胞核完整；1级：彗星尾部DNA含量5%～20%，中度损伤，可见彗尾，细胞核缩小；2级：彗星尾部DNA含量20%～40%，中度损伤，可见明显彗尾，细胞核缩小；3级：彗星尾部DNA含量40%～95%，重度损伤，彗尾荧光信号强而密，并见明显缩小的细胞核；4级：彗星尾部DNA含量＞95%，完全损伤，仅见荧光强而密的彗尾，细胞核基本消失。

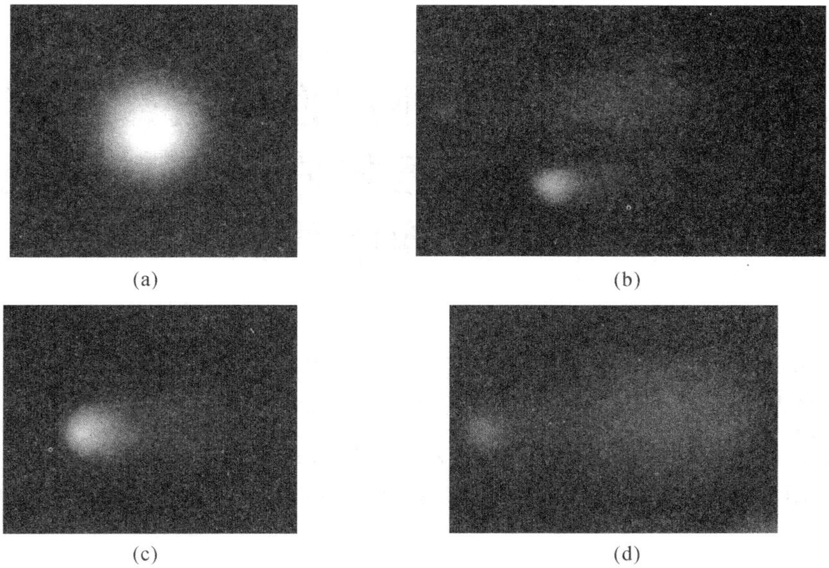

图 28-1　DNA 损伤的电泳慧星图谱

(a)0 级；(b)2 级；(c)3、4 级；(d)4 级

数据统计处理举例(表 28-1)：

表 28-1　DNA 损伤分级指标的统计处理采用秩和检验，总损伤率统计采用卡方检验

组	细胞数（个）	各级 DNA 损伤的细胞数					总损伤细胞（%）
		0	1	2	3	4	
对照组	400	379	18	1	2	0	5.25
处理组	400	23	109	93	108	67	94.25

【作业】

用荧光显微镜分别计数正常对照组和处理组小鼠骨髓细胞 400 个，按不同的损伤程度分为 0、1、2、3、4 级，并计算出细胞 DNA 总损伤率，比较两组 DNA 损伤程度差异。

【思考题】

1. 理化物质及辐射引起小鼠骨髓细胞 DNA 损伤的机理是什么？
2. 单细胞凝胶电泳制胶过程中要注意什么事项？
3. 裂解时间长短、电泳时间长短和电泳时电压与电流等对本实验结果的影响是什么？

实验二十九　人类外周血淋巴细胞姐妹染色单体差别染色技术及姐妹染色单体交换的观察

【目的要求】

1. 了解姐妹染色单体差别染色(SCD)技术的基本原理和显示方法。

2. 掌握姐妹染色单体互换(sister chromatid exchange,SCE)的基本特征和 SCE 的记数方法。

【实验用品】

1. 材料:人类外周血

2. 器材:无菌室、高压消毒锅、真空泵、砂芯漏斗、隔水式恒温培养箱、低速离心机、恒温水浴箱、显微镜、量筒、离心管、载玻片、酒精灯

3. 试剂:RPMI 1640 培养液、肝素(500 U/mL)、秋水仙素(10 μg/mL)、低渗液(0.075 mol/L 氯化钾)、固定液(甲醇∶冰乙酸=3∶1)、Giemsa 染液

【内容与方法】

1. 实验原理

在 DNA 复制过程中,在培养基中加入 5-溴脱氧尿嘧啶核苷(BrdU),由于它取代胸腺嘧啶核苷掺入到新合成的 DNA 链中,这样,经过第 1 次复制,在化学组成上两条姐妹染色单体的 DNA 就各具一条含有 BrdU 的单链,经过第 2 次复制的两条染色单体中就有一条单体的 DNA 双链都是由 BrdU 取代胸腺嘧啶核苷而组成的。制片经过预处理后用 Giemsa 染色,就会看到经过两次复制的染色体的两条单体对 Giemsa 染色反应不同,一条单体染色极浅,另一条单体着色较深,由此可以判断细胞的分裂次数,并显示出由于姐妹染色单体发生交换而造成的互换染色体(图 29-1)。

2. 操作步骤

(1)常规全血培养 24 h(参见实验三十一),加入 500 μg/mL BrdU 0.1 mL(终浓度为 10 μg/mL),继续暗培养 48 h,终止培养前 3～4 h,加入 10 μg/mL 秋水仙素 0.1 mL,按常规制片(由教师完成)。

(2)将制得的标本片在 37 ℃培养箱中老化 1～3 天(由教师完成)。

(3)每组取一片,在正面做上记号,放置在 55 ℃水浴锅铝板上,并在制片上滴加 55 ℃ 2×SSC液,覆盖整个制片。

(4)打开 15 W 紫外灯(距离 5～10 cm),照射 30 min 左右。

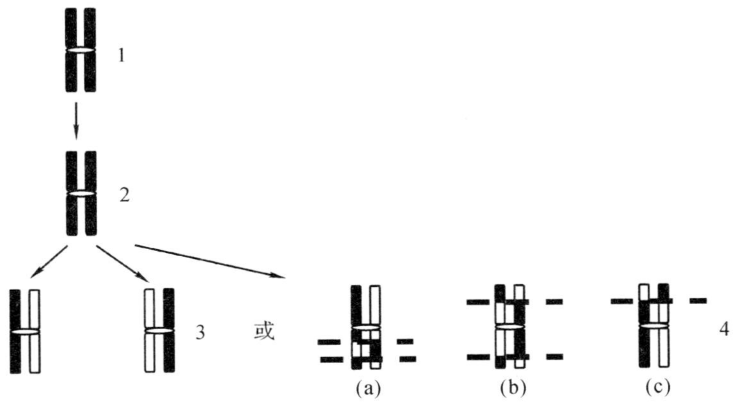

图 29-1　姐妹染色单体互换示意图

(DNA 双链均含 BrdU 的染色单体浅染，仅一条单链含 BrdU 的染色单体深染)

(1)在不含有 BrdU 的培养液中的细胞的染色体。

(2)在含有 BrdU 的培养液中生长一个周期的细胞的染色体。

(3)在含有 BrdU 的培养液中生长两个周期的细胞的染色体,没有发生姐妹染色单体互换。

(4)发生了染色姐妹单体互换的染色体。

a. 染色单体长臂内互换。b. 染色单体中间互换。c. 染色单体短臂端部互换。

(5)蒸馏水冲洗。

(6)滴加 1∶10 Giemsa 染液,染色 5～8 min。

(7)水洗晾干。

3. 结果观察

在低倍镜下寻找分散较好的中期分裂相,然后换油镜观察。在油镜下选择染色体数目为 46 条的第二周期的分裂相进行观察计数,凡染色单体出现交换记为一个 SCE,然后观察一定数量的细胞(20～30 个)的染色体,按以下方法计算个体细胞平均交换数。

$$\text{个体细胞平均交换数}=\frac{\text{交换总数}}{\text{细胞数}}$$

(1)在选择中期分裂相时,注意区分各细胞周期的分裂相的染色特点。染色体的两个单体均为深染的细胞记为第一次分裂周期的细胞;染色体两个单体染色一深一浅的为第二次分裂周期细胞;染色体的两个单体都为浅色的为第三次分裂周期的细胞。

(2)人体姐妹染色单体交换(SCE)的计数方法:凡在染色单体端部出现交换,记为 1 次交换(图 29-1,4c);在染色单体中间出现交换,记为 2 次交换(图 29-1,4a、b);如果交换发生在着丝粒部位,记为 1 次交换。

【作业】

1. 每组交细胞 SCE 标本。
2. 绘制人体外周血淋巴细胞 SCE 染色体。
3. 记录 SCE 标本的个体细胞平均交换数。

【思考题】

如何进行 SCE 计数?

实验三十 人类 X 染色质标本的制备与观察

【目的要求】

1. 了解 X 染色质的形态特征。
2. 掌握 X 染色质的制备方法 。

【实验用品】

1. 材料：正常女性口腔黏膜细胞和发根毛囊细胞
2. 器材：显微镜、牙签、三棱针、载玻片、盖玻片、擦镜纸、解剖剪、解剖镊
3. 试剂：硫堇染液、甲醇—冰醋酸固定液、50% 醋酸、70% 酒精、蒸馏水、香柏油、二甲苯、乙醚、甲基绿—哌罗宁混合液

【内容与方法】

1. 实验原理：Moor (1954) 用特定染色法在人类女性口腔黏膜细胞间期核中发现一个浓染小体（巴氏小体），正常男性则无。这是由于女性细胞有两条 X 染色体，其中的一条 X 染色体失活异固缩形成的，现通称为 X 染色质（X chromatin）或 X 小体。

2. 实验方法

(1) 制片

①女性口腔黏膜细胞制片：受检者（女性）用水漱口后，以牙签钝头刮取口腔颊部黏膜，将刮起之细胞均匀涂布在载玻片上，不等干，立即将涂片放入甲醇—冰醋酸（3∶1）固定液中固定 15 min，取出后晾干。

②发根毛囊细胞制片：拔下女性头发 1～2 根，将根部带有完整白色毛囊组织部分置于载玻片中央，加 1 滴 50%醋酸处理 5～10 min，待毛囊软化，用三棱针刮下毛囊组织，弃去毛干，再将组织分散，静置待干。

(2) 染色：在涂片处加数滴硫堇染液染色 5～10 min（或 1～3 min 后直接用自来水冲洗），弃去染液，在标本上滴加几滴 75%乙醇分色，立即水洗，待干后镜检。

3. 结果与观察：将标本置于显微镜下观察，先用低倍镜观察，可见蓝紫色的细胞核，再用油镜观察。这时镜下所显示的结构均为细胞核，细胞膜和细胞质因未染色而不易见。选择较典型的可计数细胞进行观察。X 染色质一般紧贴在核膜内缘，大约 1～15 μm，染色深，常呈三角形、馒头形，有时为梭形或其他形态（图 30-1）。正常女性细胞 X 染色质出现率（阳性率）一般为 10%～30%，有时可高达 50%以上。

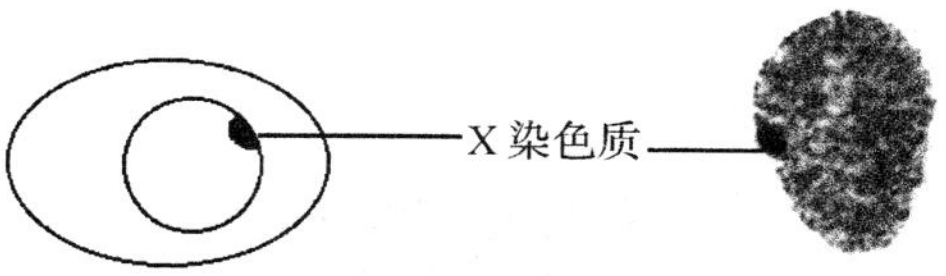

图 30-1　女性细胞 X 染色质

【作业】

绘制一发根细胞(或口腔黏膜细胞)X 染色质图。

【思考题】

检查 X 染色质有何临床意义?

实验三十一 人类染色体病诊断技术(一)

——人类外周血淋巴细胞培养和染色体标本的制备

【目的要求】

1. 熟悉人类外周血淋巴细胞的培养技术。
2. 掌握人类淋巴细胞染色体标本的制备。

【实验用品】

1. 材料:外周血

2. 器材:无菌室、高压消毒锅、冰箱、分析天平、真空泵、砂芯漏斗、隔水式恒温培养箱、低速离心机、恒温水浴箱、显微镜、培养瓶、注射器、酒精药棉、量筒、离心管、试管架、滴管、乳胶头、载玻片、酒精灯

3. 试剂:RPMI 1640(RPMI 1640 粉剂 10.5 g 溶于 1000 mL 重蒸水中,通入二氧化碳使呈橘红色,用碳酸氢钠调 pH 至 7.4,用砂芯漏斗过滤)、小牛血清、PHA、青霉素、链霉素、5%碳酸氢钠、肝素(500 U/mL)、秋水仙素(10 μg/mL)、低渗液(0.075 mol/L 氯化钾)、固定液(甲醇:冰乙酸=3:1)、吉姆萨染液(吉姆萨原液:pH 7.4 磷酸缓冲液=1:9)

【内容与方法】

1. 实验原理

有丝分裂中期相的染色体具有一定的形态和大小,且形态结构最为典型。1952 年美籍华人徐道觉发现低渗可以使细胞膨胀,染色体分散。1956 年美籍华人蒋有兴和 Leran 等人在染色体制片中利用了可以破坏纺锤丝使细胞分裂停止在中期的秋水仙素。1960 年 Nowell 等人发现植物凝集素(简称 PHA)可以使处于 G_1 期或 G_0 期的淋巴细胞转化为淋巴母细胞,从而进入分裂期。在制备人类染色体标本时,外周血淋巴细胞常作为首选材料。

2. 操作步骤

(1)RPMI 1640 培养液的配制:①RPMI 1640 粉剂 10.5 g 溶于 1000 mL 重蒸水中,通入二氧化碳使呈橘红色,碳酸氢钠调 pH 至 7.2~7.4 之间,用砂芯漏斗过滤。②每瓶 5 mL 培养液含 4 mL RPMI 1640,1 mL 小牛血清,2 mg PHA、双抗(青、链霉素各 500 U),用 5% 碳酸氢钠调节 pH 7.2~7.4。(以上由教师完成)。

(2)采血:进行皮肤消毒,用无菌的注射器先抽取适量肝素湿润针管后,再抽取静脉血 0.3~0.5 mL,混匀。

(3)接种:在无菌条件下,将抗凝血接种于装有 5 mL 培养液的培养瓶中,轻轻摇匀,置 37 ℃培养箱中培养。

(4)秋水仙素处理:在终止培养前 2 h 左右加入秋水仙素 0.1 mL(最终浓度 0.2 μg/mL),轻摇后继续培养至 72 h。

(5)收获细胞:将培养物摇匀移至离心管中,以 1000 rpm(约 300g 离心力,下同)离心 8~10 min,弃上清液,留约 0.5 mL 沉淀物。

(6)低渗处理:加入 8 mL 预温的低渗液 37 ℃水浴箱内,低渗 15~20 min,然后加入 1 mL 固定液,打匀预固定,1000 rpm 离心 8~10 min,弃上清液,留约 0.5 mL 沉淀物。

(7)固定:加入固定液 8 mL,轻轻打匀,室温下固定 15~20 min,1000 rpm 离心 5 min,弃上清液。依此重复固定一次,或 4 ℃固定过夜。

(8)制片:将沉淀物约 0.5 mL 轻轻打匀,吸取细胞悬液从约 40 cm 高度外滴于冰湿的载玻片上(2 滴),并用口吹散,火焰干燥,制备染色体标本。

(9)染色:染色体标本用吉姆萨染液染色 8 min,自来水冲洗,晾干。

3. 结果与观察:

低倍镜下寻找一个染色体分散较好、互不重叠的分裂相,然后换油镜仔细观察。

【作业】

每位同学制备染色体标本一张,仔细观察形态,计数,并绘一个中期分裂染色体分布的快速线条图。

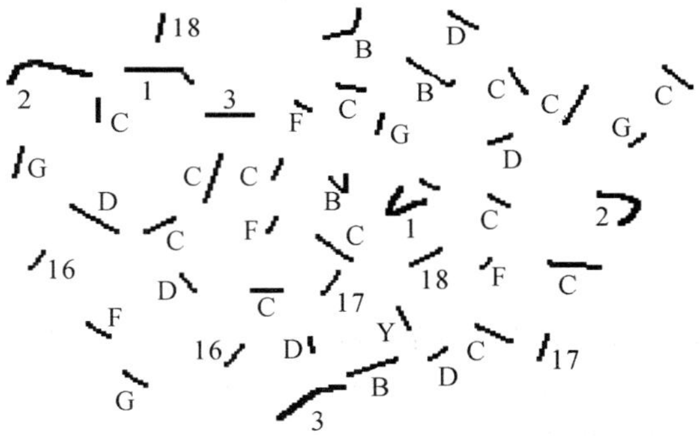

图 31-1 染色体分布的快速线条图

【思考题】

1. PHA 和秋水仙素在淋巴细胞培养中分别起到什么作用?
2. 为什么选择在培养 72 h 时收集细胞?
3. 镜检发现细胞分裂相较少,试分析原因。

实验三十二　人类染色体病诊断技术(二)

——人类染色体G显带技术与核型分析

【目的要求】

1．观察人类淋巴细胞染色体及掌握计数方法。

2．掌握核型分析原理和方法。

3．掌握人类染色体G显带的方法。

【实验用品】

1．材料：未染色人类染色体标本片、核型照片

2．器材：水浴箱、显微镜(带油镜)、烤箱、剪刀、镊子、胶水

3．试剂：0.02%胰酶、pH7.5磷酸缓冲液、吉姆萨染液、0.2 mol/L盐酸、2×SSC、5%氢氧化钡

【内容与方法】

(一)G显带技术

1．实验原理

染色体显带是20世纪70年代后发展起来的新技术，现已被普遍地用于研究人类染色体疾病、肿瘤、血液病等，其中使用最广泛的是G显带。用不同的方法消化处理(热、碱、酶等)常规制备的染色体标本，再进行Giemsa染色，便可得到G带标本。目前有学者认为，G带型的形成原因与染色体上蛋白质的差异有关，其疏水性蛋白质聚集的区域易受各种因素影响而被消化掉或抽提掉，因而染色后染色体上可出现一系列明暗不同的带型。

2．操作步骤

(1)老化：将常规制备的染色体标本不经染色，置37℃培养箱中或室温2～6天，消化前50～60 ℃烤片1～2 h。

(2)消化：将标本在37℃预温的0.02%胰酶中处理10～60 s(视标本老化程度而定)。

(3)冲洗：把消化后的标本立即投入蒸溜水中冲洗。

(4)染色：1∶10吉姆萨染液(原液∶pH7.5磷酸缓冲液)染色7～8 min，自来水冲洗，晾干。

3．结果与观察

显微镜观察G显带标本。处理适宜的标本在油镜下，染色体纵轴上可分出明暗相间的带纹。

注意：消化时间的长短是显带的关键因素之一，片龄长的标本可适度延长处理时间。若

无把握，可将标本分为2段，以不同的时间消化，以寻找最佳消化时间。判断消化时间是否合适的方法是观察镜下细胞的颜色，若细胞呈蓝紫色则消化时间过短，细胞趋于白色模糊状态或形似“幻影”，则消化时间太长；若细胞色泽为桃红色，说明消化时间较适宜。

（二）G显带核型分析

将清晰、完整、显带好的分裂相显微照相，冲印成照片，逐一剪下，然后按附录所列染色体特征逐一分析、配对，分组编号，粘贴成核型。

【作业】

每位同学完成一个人类染色体核型分析。

用小剪刀将照片上的染色体逐一剪下，根据各号染色体带型特征，将其按顺序摆在核型分析表上，经反复核对后再将其粘贴上，最后标明核型结果和诊断。

【思考题】

1. 正常人体细胞的染色体有多少条？可分成几组？如何辨别男女核型？每组染色体有何特征？

2. 先天愚型、先天性睾丸发育不全综合征和先天性性腺发育不全综合征患者的核型有何特征？

—·——————·——————·— —·——————————·—

1 ———— 2 ———3 4 ———— 5

—·———·———·———·———·———·———·—

6——7——8 ——9——— 10 ——— 11 ——— 12 —·——

———·————·— —·————·————·—

13 ——— 14 ——— 15 16 ——— 17 ——— 18

—·———·— —·———·— —·————·—

19——20 21——22 性染色体

核 型： 诊 断：

检 查 时 间：

附录　人类G显带染色体特征(图32-1,32-2)

A组染色体

包括1—3号染色体,其长度最长,1号和3号染色体着丝粒在纵轴1/2处,2号染色体着丝粒在纵轴3/8处。

1号染色体

短臂:近着丝粒处和中段各有一条深带,但中段的深带较宽较醒目,在处理较好的标本上可见3～4条较窄且较淡些的深带。

长臂:有5条深带,中间的一条较醒目,近着丝粒处常有一条较深且略呈三角形的带,为次缢痕。

2号染色体

短臂:有4条间隔较均匀的深带,中间2条稍靠近。

长臂:根据标本质量不同可见6～8条深带。

3号染色体

短臂:近端有2条深带,中段有一较宽较明显的浅带。远侧可见3条深带,靠中段的两条深带较靠近。端部的第3条深带稍淡些,但很明显,此带是短臂区别于长臂的标志。

长臂:近端有2条与短臂对称的深带,中段同样也有一条与短臂对称的较明显的浅带(此特征使两臂看起来形似蝶翅)。在处理较好的标本上,远端可见3～5条深带。

B组染色体

包括4号、5号染色体,长度仅次于A组,着丝粒约在染色体纵轴的1/4处。

4号染色体

短臂:处理较好的标本可见2～3条深带。

长臂:近端和中段有4条较均匀的深带,近端一条深带较醒目。处理较好的标本,远侧可见2～3条较窄较淡些的深带。

5号染色体

短臂:有1～2条深带,端部的一条深带较醒目。

长臂:近端2条深带(有时融合成一条)。中段有3条深带,相隔很近(有时也易融合成一条宽带)。远侧有2条深带,第2条带较深较醒目,似与短臂末端的深带遥相呼应。

C组染色体

包括6～12号和X染色体,中等长度,其中6、7、11号和X染色体的着丝粒约在纵轴的3/8处,8、9、10和12号染色体的着丝粒约在1/4处。

6号染色体

短臂:中段为1条十分明显的较宽的浅带,是6号染色体的显著特征。近端和远侧端各有1条深带,近端的较窄,远端的较深。在处理较好的标本上,此深带可分为两条稍窄些的深带。

长臂:有5～6条深带,中段到远侧端的3条带较深较宽。

7号染色体

短臂:有3条深带,中间的一条色较淡,远侧末端的那条最深最明显,形似“瓶盖”。此带

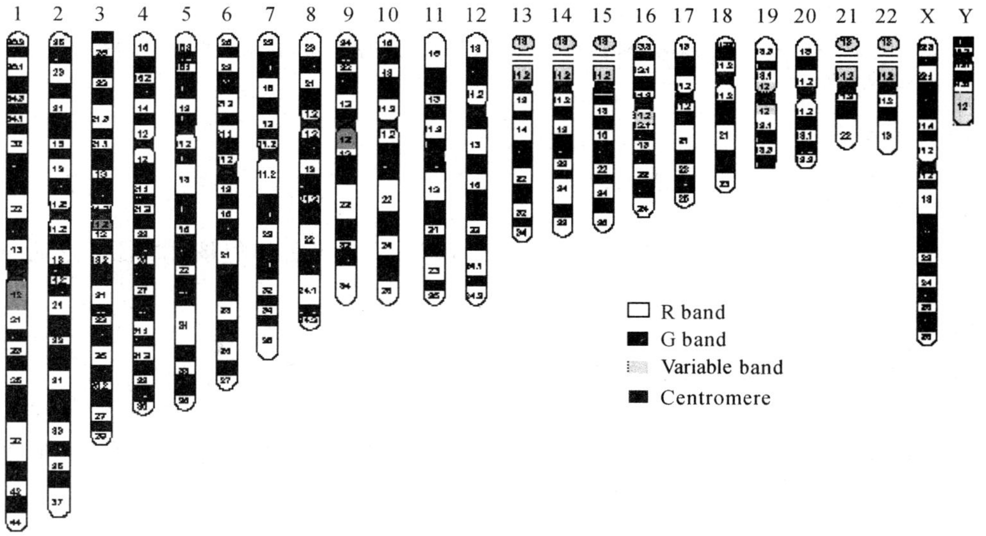

图 32-1 人类染色体显带模式图

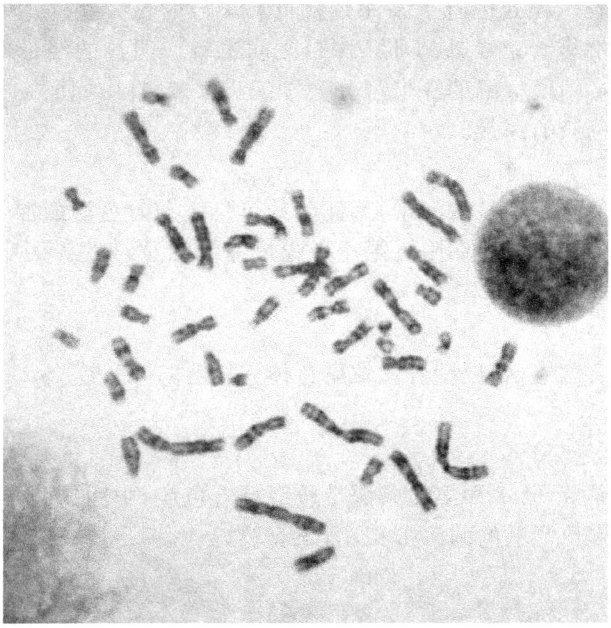

图 32-2 人类显带染色体照片

是 7 号染色体的显著特征。

长臂:有 3 条分布较均匀并很醒目的深带,比较而言,远侧的第三条带着色稍淡些。

8 号染色体

短臂:有两条深带,被一浅带隔开,近侧端的一条深带较明显。

长臂:有 3～4 条分界不清的深带。从末端数,倒数第二条深带明显而恒定。

9 号染色体

着丝粒浓染。

短臂:有 3 条深带,远侧两条常融为一条稍宽的深带。

长臂:分布有 2 条明显的均匀的深带,并被一明显的浅带隔开,远侧端的那条深带有时可分为两条窄深带。

10 号染色体

着丝粒浓染。

短臂:近中段有 1～2 条深带。

长臂:可见 3 条十分明显、间隔均等的深带,此为 10 号染色体的显著特征。近端的那条深带着色尤深。

11 号染色体

短臂:中段有一宽深带,处理好的标本也可分为 3 条窄深带。

长臂:近端紧靠着丝粒处有 1 条深带,宛如"一点腰",中段稍后有 2 条紧邻的深带,也常融为 1 条宽深带。近端紧靠着丝粒处的那条深带与中后段处的深带被 1 条显著的很宽的浅带隔开。另外,近末端处可见较窄的着色较淡的深带。

12 号染色体

短臂:中部只见 1 条深带。

长臂:近端紧靠着丝粒处也有 1 条深带,但比 11 号的稍大些。正中段有 1 条宽阔的深带,此宽阔深带与近端靠着丝粒处的那条深带之间也有一明显的浅带,但比 11 号的稍窄一些。处理较好的标本,中段宽阔的深带可分为 3 条窄深带,且中间的一条着色最深。远侧可见 1～2 条窄窄的着色淡的深带。

X 染色体

短臂:中段有 1 条十分明显的深带,远侧隐约可见 1 条着色淡的深带。

长臂:有 3～4 条深带,但近端附近第一条带最深最明显,与短臂中段那条明显的深带较对称。

D 组染色体

包括 13～15 号染色体,属近端着丝粒染色体,具随体。

13 号染色体

着丝粒和短臂染色深。

长臂:可见 4 条深带,第 1 和第 4 条深带较窄且着色淡,中间的两条深带较宽且色浓,较醒目。与 14 号染色体长臂上的两深带相比,距离较近。

14 号染色体

着丝粒和短臂染色深。

长臂:近端有两条深带,第 1 条稍淡,第 2 条浓且明显。中段只有 1 条淡染的深带。远端有 1 条深而明显的带。近端和远端 2 条明显的深带与 13 号长臂上的 2 深带相比,距离较远。

15 号染色体

着丝粒和短臂染色深。

长臂:中段有一条明显着色较浓的深带。处理较好的标本在近端可见 1～2 条着色稍淡的深带,远侧也可见着色稍淡的 1～2 条深带。

E 组染色体

包括 16～18 号染色体。其中 16 号染色体着丝粒位置变化较大,17 号和 18 号染色体着丝粒约在纵轴的1/4处。

16号染色体

着丝粒与次缢痕着色浓且常融合在一起，难以区分。

短臂：通常浅染，但较好的标本可见1～2条深带，且近端的那条着色较深。

长臂：除着色较深的三角形次缢痕外，还有2条深带，有时最后一条着色较淡。

17号染色体

着丝粒浓染。

短臂：中段有1条明显深带，远侧浅染。

长臂：远侧有1条宽而浓的深带，好标本也可分为相隔很近的两条深带。此深带与着丝粒边上的深带之间有一明显的较宽的浅带。

18号染色体

短臂：一般为浅染，好标本可见一深带。

长臂：近端和远侧各有一明显的深带，近端的那条要深一些并稍宽一些。

F组染色体

包括19号和20号染色体，着丝粒约在染色体纵轴的1/2处。

19号染色体

着丝粒周围深染，非常醒目。

短臂：常常是浅染区并较模糊，好标本可见一条较淡的深带。

长臂：通常也都为浅染区，好标本可见2条较淡的深带。

20号染色体

着丝粒深染，且很明显。

短臂：有一明显深带。

长臂：有2条深带，着色稍淡，但比19号长臂上的2条带明显一些。

G组染色体

包括21号、22号和Y染色体，是最小的近端着丝粒染色体。21号，22号染色体可见随体。

21号染色体

着丝粒深染，比22号染色体稍短。

长臂：近端有明显且较宽的深带，远侧浅染。

22号染色体

着丝粒深染，比21号染色体略长一点。

长臂：一般可见一条深带，好标本可见2条深带，但第2条着色较淡。

Y染色体

虽归在G组，但长度变化较大，着丝粒周围浓染。

短臂：一般为浅染区。

长臂：除紧靠着丝粒处浓染外，一般远侧着色统一较深，带型不可鉴。

实验三十三　人类染色体病诊断技术(三)

——人类绒毛染色体标本的制备

【目的要求】

1. 了解人类绒毛染色体标本的制备技术。
2. 掌握染色体病产前诊断的原理。

【实验用品】

1. 材料:人绒毛
2. 器材:无菌室、高压消毒锅、真空泵、砂芯漏斗、隔水式恒温培养箱、低速离心机、恒温水浴箱、显微镜、妇科阴道冲洗物品、绒毛取样器、5 mL 注射器、培养皿、小镊子、量筒、离心管、冰载玻片、酒精灯
3. 试剂:RPMI 1640 培养液、秋水仙素(10 μg/mL)、0.075 mol/L 氯化钾、柠檬酸钠、甲醇、冰乙酸

【内容与方法】

1. 实验原理

绒毛来源于胚胎的中胚层。最早的初级绒毛出现于孕 3 周初。孕 8 周左右是绒毛发育最旺盛时期,具有较高的细胞有丝分裂指数,可在体外直接或短期培养制备胎儿染色体标本,从而进行染色体病的产前诊断。目前,国内外绒毛取材多选于 8～9 周。研究资料表明,绒毛取样不影响胚胎的发育及胎盘的功能,但取样的失败可导致胚胎丢失而终止妊娠。绒毛取样前,首先要检查阴道分泌物以判别阴道的洁净度,防止取样导致宫内感染;其次需做 B 超检查,一是确定胚胎大小,二是确定胚芽有无心血管搏动,三是确定胚芽在子宫内的位置,用以判别取材时间、是否取材及取样器进宫的角度及深度。

2. 操作步骤

(1)0.1%新洁尔灭冲洗阴道,用卵圆钳固定子宫颈,根据妇检及 B 超提示选择角度及深度插入绒毛取样器,当有弹性阻挡感且深度符合 B 超所示时,抽出取样器内芯,接上 5 mL 注射器,抽出 4～5 mL,此时,注射器内可见有血性液体流进。

(2)取一干净培养皿,内加 RPMI 1640 5 mL,内含秋水仙素 0.06 μg/mL。慢慢抽出取样器,将所吸出物注入培养皿内,并用 1640 冲洗注射器及取样器,混匀,置培养箱 30～40 min。

(3)挑选发育良好的绒毛放入另一小培养皿中,用预温 37℃的 0.075 mol/L 氯化钾与 10%柠檬酸钠 1∶1 混合液漂洗两次。

(4)用眼科小剪剪碎绒毛，再将 2 滴秋水仙素加入上述漂洗低渗液，低渗 30 min。

(5)加新鲜配制的 3∶2 甲醇—冰乙酸固定液 0.2 mL 预固定，1000 rpm(约 300 g 离心力)离心 8 min，弃上清液。

(6)加新鲜配制的 3∶2 甲醇—冰乙酸固定液 3 mL 固定 30 min，2000 rpm(约 700 g 离心力，下同)离心 8 min，弃上清液。

(7)第二次固定可加 3∶1 甲醇—冰乙酸固定液 3 mL 固定 30 min，2000 rpm 离心 8 min，弃上清液。

(8)离心后，加所余体积的 60%冰乙酸，打匀，2 min 后加等量甲醇，打匀，2000 rpm 离心 8 min，弃上清液。

(9)加入 3 mL 3∶1 甲醇—冰乙酸固定液过夜，冰水制片。

(10)80 ℃烤片 2 h，自然冷却。

(11)G 显带处理(参见实验三十二)或常规染色。

3. 结果观察

低倍镜下寻找染色体分散较好、互不重叠的分裂相，然后换油镜仔细观察，计数染色体数目，诊断数目异常染色体病。

【作业】

每位同学制备染色体标本 1 张，计数 5 个分裂相，记录计数结果。

【思考题】

为何绒毛细胞未经过培养能直接制备染色体标本用于产前诊断？

实验三十四 人类染色体病诊断技术(四)
——人类羊水细胞的培养和染色体标本的制备

【目的要求】

1. 了解人类羊水染色体标本的制备技术。
2. 掌握羊水染色体核型分析产前诊断染色体病的原理。

【实验用品】

1. 材料:人羊水

2. 器材:无菌室、高压消毒锅、真空泵、砂芯漏斗、隔水式恒温培养箱、低速离心机、恒温水浴箱、显微镜、培养皿、小镊子、量筒、离心管、冰载玻片、酒精灯、无菌棉签和棉球、20～22号无菌腰穿针、吸管、培养瓶

3. 试剂:羊水细胞培养液(F12 培养液 85%、小牛血清 15%、青链霉素各 100 μ/mL)、秋水仙素(10 μg/mL)、0.075 mol/L 氯化钾、柠檬酸钠、甲醇、冰乙酸、2.5%碘酒、75%酒精

【内容与方法】

1. 实验原理

羊水中含有胎儿脱落的上皮细胞,可在体外培养用以分析胎儿染色体核型。目前,国内外大都采用腹腔羊膜穿刺术,妊娠 12～30 周的羊水细胞均可培养成功。羊膜腔穿刺取羊水进行染色体分析,最佳孕周为 16 周左右。此时羊水增长快,羊水中细胞较多,细胞培养易于生长,而且不易损伤胎儿。国内多数选择的穿刺时间在妊娠的第 16～20 周。国外现已较多地采用妊娠早期的羊膜穿刺,但需在 B 超下定位及穿刺。羊水量按妊娠时间大致计算(1 mL/周)。资料表明,穿刺病例的妊娠结局、分娩方式、胎儿的出生体重等,与未穿刺无明显差异。

2. 操作步骤

A. 盖玻片培养法

(1)采样:选择妊娠 16～20 周妇女,在无菌条件下抽取羊水 5 mL,立即注入无菌离心管中。

(2)收集:离心分离细胞,1000 rpm(约 300 g 离心力)离心 10 min,去上清,留 0.5 mL,轻打混匀。

(3)接种:30 mm 培养皿中放盖玻片 1 张,每片滴混匀的细胞液 1～2 滴,置培养箱内培养 30～60 min。

(4)培养:取出后,从盖玻片外加培养液 2 mL,静置培养 48 h 后观察细胞生长状况并定时换液。5～10 天后,可见大量成纤维细胞或上皮样细胞生长。

(5)终止培养：当有大量圆形发亮细胞出现时，加秋水仙素 0.02～0.04 μg/ mL，作用 10～12 h。

(6)低渗：倒掉培养液，加预温 37 ℃的 0.075 mol/L 氯化钾溶液 5 mL，37 ℃温育 30 min，镜下可见胀大的羊水细胞，加 0.5～1 mL 3∶1 甲醇—冰醋酸固定液预固定。

(7)固定：倒掉低渗液，加 5 mL 固定液固定 30 min 以上，反复 3 次。

(8)干燥：将附有细胞的盖玻片斜放于培养皿中，置 80℃烤箱处理 2～3 h。

B. 常规培养法

(1)、(2)相同于盖玻片培养法。

(3)接种：将混匀的羊水细胞接种于 50 mL 或 100 mL 细胞培养瓶内，平均 10 mL 羊水收集的细胞接种 1 瓶，加 5～10 mL 混合培养液。

(4)培养：酒精灯火先封口，静置培养 48 h 后观察细胞贴壁及生长情况。5～10 天后可见瓶底面有大量羊水细胞生长。

(5)终止培养：同 A 法。

(6)细胞收集：将培养液倒入一干净离心管中，加 0.025%的胰蛋白酶 0.5～1 mL/瓶，轻轻摇动，使培养瓶底面完全接触消化酶，然后用弯头吸管吹打，待细胞全部脱落后加前培养液终止胰蛋白酶消化，用吸管移细胞悬液于离心管中，1000～2000 rpm(约 300 g～700 g 离心力)离心 10 min，弃上清，留细胞沉淀。若一次消化不彻底，可反复消化。

(7)低渗及预固定：加预温 37 ℃ 0.075 mol/L 氯化钾溶液 10 mL，37 ℃温育 30 min，加 0.5～1 mL 新鲜配制的 3∶1 甲醇—冰乙酸固定液预固定，用气泡吹打细胞使其混匀。

(8)固定：用新鲜配制的 3∶1 甲醇冰乙酸固定 3 次，每次 30 min。固定液加入时，应沿管壁缓慢加入。

(9)制片及干燥：同绒毛制片。

(10)G 显带处理(参见实验三十二)。

3. 结果观察

低倍镜下寻找染色体分散较好、互不重叠的分裂相，然后换油镜仔细观察，计数染色体数，诊断数目异常染色体病。

【作业】

每位同学制备染色体标本 1 张，计数 5 个分裂相，记录计数结果。

【思考题】

比较羊水细胞染色体产前诊断与绒毛细胞染色体产前诊断的优缺点。

实验三十五 人类遗传性状的观察和遗传平衡定律的应用

【目的要求】

通过教科书或网上查阅资料，自己设计一套实验方案，对人类PTC尝味遗传性状与血型MN进行遗传调查，重点掌握群体遗传调查的实验方法以及Hardy-Weinbery平衡法则的应用。

【实验用品】

1. 器材

凹面载玻片(或载玻片)、三棱针或6～7号注射针头、牙签，滴管

2. 试剂

抗M、抗N血清，生理盐水，75%酒精碘酒，低浓度PTC溶液(浓度1/750000～1/3000000)，中浓度PTC溶液(浓度1/50000～1/400000)，高浓度PTC溶液(浓度1/24000～结晶粉末)

【内容与方法】

(一)PTC尝味试验

1. 实验原理

PTC是苯硫脲(pheng-thio-carbamide简写为PTC)，其化学结构式为

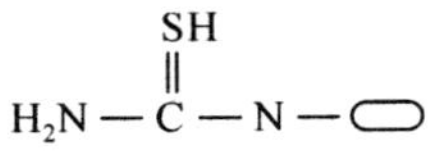

，呈白色结晶状，由于分子式中含N—C═S基团，故有苦涩味，对人无毒，亦无副作用。人类对PTC尝味能力属于不完全显性遗传，其杂合子的表现型介于显性纯合子与隐性纯合子之间。

纯合PTC尝味者：尝味等级≤1/750000浓度　　基因型为：TT

杂合PTC尝味者：尝味等级为：1/400000～ 1/50000　　基因型为：Tt

味盲：尝味等级≥1/24000，　　基因型为：tt

有人甚至连PTC的结晶粉末也尝不出味来。

目前已知纯合体味盲(tt)者易患结节性甲状腺肿，因此可把PTC的尝味能力作为一种辅助性诊断指标。

2. 操作步骤(查资料设计)

(二)MN 血型调查

1. 实验原理

在人类红细胞膜上存在着 M、N 抗原,M 型的人,其红细胞表面有 M 抗原;N 型的人,其红细胞表面有 N 抗原;MN 型的人,其红细胞表面有 M、N 抗原。MN 血型属共显性遗传,使用抗 M 血清凝集素可使含有 M 抗原的红细胞凝集;使用抗 N 血清凝集素可使含有 N 抗原的红细胞凝集;同时使用抗 M、抗 N 血清凝集素可使含有 M、N 抗原的红细胞凝集。根据上述不同的凝血反应可判断是否 M、N 或 MN 血型(见表 35-1)。

表 35-1 MN 血型遗传特征

表现型(血型)	基因型	红细胞膜上的抗原	凝血反应	
			抗 M 血清	抗 N 血清
M	L^ML^M	M 抗原	+	−
N	L^NL^N	N 抗原	−	+
MN	L^ML^N	MN 抗原	+	+

2. 操作步骤(查资料设计)

3. 平衡法则的应用(查资料设计)

这里提供简易操作步骤:

(1)基因频率的计算→(2)基因型频率的计算→(3)理论值的计算→(4)卡方(χ^2)检验(判断 P 值)

【作业】

1. 每人把本班级的 PTC 尝味遗传性状与 MN 血型遗传调查情况,按调查表(表 35-2)的格式填写在报告纸上。

2. MN 血型检查后,按平衡法则的应用对各项计算的结果,填写在调查表(表 35-2)上。

表 35-2 班级 PTC 尝味遗传性状、血型遗传调查表

班级	人数	纯合 PTC 尝味者		杂合 PTC 尝味者		味盲		M 血型		N 血型		MN 血型	
		人数	%	人数	%	人数	%	人数	%	人数	%	人数	%
合 计													

【思考题】

对澳大利亚土著居民和美国印地安人所作 MN 血型调查的结果如表 35-3 所示。分别求出各自群体的基因频率，用 χ^2 检验平衡法则是否成立，并把两者集中在一个假想群体中，试做同样的检验。

表 35-3 澳大利亚土著人等群体的 MN 血型分布

群体	M 型	MN 型	N 型	合计
澳大利亚土著人	22	216	492	730
印地安人	305	52	4	361
假想群体	327	268	496	1091

实验三十六　SRY 基因检测及其在性别鉴定中的应用（一）

——人类基因组 DNA 的提取

【目的要求】

掌握从全血中提取人类基因组 DNA 的方法。

【实验用品】

1. 材料：外周血
2. 器材：低速离心机、高速离心机、微量移液器、Tip 头、Eppendorf 管
3. 试剂

(1)裂解液：155 mmol/L 氯化铵
　　10 mmol/L 碳酸氢钾
　　1 mmol/L 乙二胺四乙酸二钠
　　调 pH 7.3～7.4

(2) 核裂解液：10 mmol/L Tris 碱
　　400 mmol/L 氯化钠
　　2 mmol/L 乙二胺四乙酸二钠
　　调 pH 7.3～7.4

(3) 蛋白酶 K：10 mg/mL 蛋白酶 K 溶于 1% SDS 溶液中，37 ℃孵育 30 min

(4) TE 缓冲液：10 mmol/L Tris-HCl(pH7.5)
　　0.2 mmol/L 乙二胺四乙酸二钠

(5) 6 mol/L 氯化钠

(6) 20%十二烷基磺酸钠

(7) 无水乙醇(－20℃)

(8) 70% 乙醇

【内容与方法】

1. 实验原理

细胞裂解液能将细胞膜、核膜破坏，并将组氨酸从组蛋白分子上拆下，而 EDTA 则能抑制细胞中 DNase 的活性。蛋白酶 K 是广谱蛋白酶，能在 SDS(十二烷基磺酸钠)和 EDTA 存在下保持很高的活性，能将所有蛋白质降解成为肽链或小片段的氨基酸，遂使 DNA 分子完整地被分离出来。分离出来的 DNA 分子通过苯酚/氯仿反复抽提，或采用高盐沉淀蛋白质，

最后可获得纯净 DNA。

2. 操作步骤

(1) 取 1 mL 全血(2% EDTA,1/10 体积抗凝)于 5 mL 离心管中。

(2) 加入 3 mL 裂解液,充分混匀,0～4℃,30 min。

(3) 台式离心机离心,4000 rpm(约 3000 g 离心力,下同),10 min。

(4) 弃上清,加 2 mL 裂解液,充分混匀,再次离心 4000 rpm,10 min。

(5) 弃上清,分别加入 0.3 mL 核裂解液、20 μL 蛋白酶 K 溶液、15 μL 的 20% SDS,混匀。

(6) 37℃水浴过夜,或 56℃水浴 2 h。

(7) 加入 6 mol/L NaCl 0.1 mL,剧烈震荡 2 min。

(8) 离心 4000 rpm,10 min。

(9) 取上清液到一离心管中,再离心 4000 rpm,10 min。

(10)取上清液,加入 2 倍体积预冷的无水乙醇(－20℃),缓慢混匀,可见 DNA 沉淀。

(11)将 DNA 沉淀靠管壁上,去除乙醇,70%乙醇洗涤二次。

(12)控干乙醇,沉淀用 600 μL TE 缓冲液溶解。

【作业】

每人提交一份 DNA 样本供下次实验用。

【思考题】

1. 提取 DNA 时,为什么要加入裂解液?
2. 实验中是如何得到纯净的 DNA 的? 简述原理。

实验三十七 SRY 基因检测及其在性别鉴定中的应用（二）

——PCR 技术及电泳检测

【目的要求】

1. 掌握 SRY 基因（图 37-1）检测的方法。
2. 掌握琼脂糖凝胶电泳技术。
3. 熟悉 PCR 技术的原理和影响因素。

【实验用品】

1. 材料：人类基因组 DNA 标本
2. 器材：PCR 扩增仪、紫外灯、胶带、水平电泳槽、稳压电泳仪
3. 试剂：

(1)引物：用去离子水配制成 10 mmol/L。

引物 1：5′－CTGCGGGAAGCAAACTGC－3′

引物 2：5′－CGGGAGAAAACAGTAAAGGC－3′

(2)Taq DNA 聚合酶（5 U/μL）

(3)10×PCR 缓冲液

(4)10 mmol/L dNTPs（底物——三磷酸脱氧核苷）

(5)25 mmol/L $MgCl_2$

(6)模板 DNA

(7)灭菌去离子水

(8)琼脂糖

(9)电泳缓冲液

(10)溴化乙锭（EB）：10 mg/mL 或 1 mg/mL。

(11)上样缓冲液

(12)0.25%溴酚蓝

(13)0.25%二甲苯青 FF

(14)30%甘油或 40%蔗糖

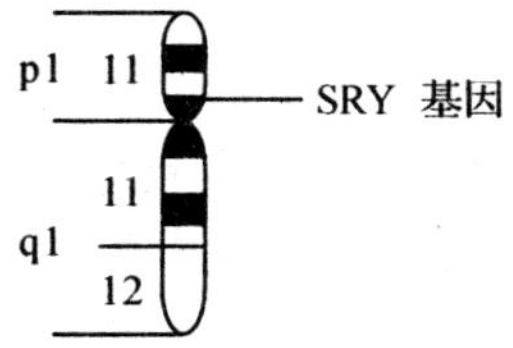

图 37-1 Y 染色体基因定位

【实验内容】

(一) SRY 基因和 PCR 技术

1. 实验原理

SRY(sex-determining region of the Y)基因是人类性别决定的最佳候选基因，定位于 Yp11.3(图 37-1)，编码特异 DNA 结合蛋白，可以激活抗中肾旁管物质(MIS)调节途径，导致 MIS(19p13.2)表达，Müllerian 氏管退化，女性生殖系统不能生成，生成睾酮，通过双氢睾酮作用，生成男性生殖系统。SRY 基因无内含子结构，转录单位全长 1.1 kb。

PCR(polymerase chain reaction)是 20 世纪 80 年代发展起来的一种体外核酸扩增系统，具有快速、灵敏、操作简单等优点。根据 SRY 的序列，合成特异性引物，经 PCR 扩增仪的变性、退火和延伸三个步骤多次循环，形成与模板链互补的新 DNA 链，产物长度 300bp 左右。

2. 操作步骤：

(1)在 0.5 mL Eppendorf 管中分别加入下列各成分(总体积 20 μL)：

ddH_2O 13.6 μL、10×buffer 2 μL、25 mmol/L $MgCl_2$ 1.2 μL、SRY-F 和 SRY-R 各 0.5 μL、dNTP 1μL、5 U/μL Taq DNA 聚合酶 0.2 μL、模板 DNA 1 μL

混匀后稍加离心，使液体沉至管底。

(2)开始循环：

预变性 94 ℃ 3 min

变性 94 ℃ 30 s
退火 55 ℃ 30 s } 重复 30 个循环
延伸 72 ℃ 30 s

末次循环后，72 ℃再延伸 7 min。

(3)反应结束后，短暂离心，置 4 ℃保存备用。

(二)琼脂糖凝胶电泳技术

1. 实验原理

带电物质在电场中向相反电极移动的现象称为电泳(electrophoresis)。DNA 是由四种核苷酸单体连接而成的长链分子，每个核苷酸带电荷相同，片段越大，带的电荷越多。pH 8.0 时，DNA 分子带负电荷，在直流电场作用下，按相对分子质量大小以不同的速度泳向阳极。电泳后，不同大小的 DNA 片段便按相对分子质量顺序滞留在凝胶的特定位置上，凝胶中 DNA 的带可用低浓度的插入性荧光染料溴化乙锭(EB)染色。EB 与 DNA 分子结合后，在紫外光的激发照射下发出橘红色的荧光，从而可以观察到 DNA 电泳情况。(注意：EB 是强致癌致畸物，必须小心操作，4 ℃暗处保存。)

琼脂糖是从海藻中提取的长链状多聚物，加热至 90 ℃左右，即可形成清亮、透明的液体，不同浓度的凝胶有不同大小的孔径。为使迁移率和分子的大小成正比，以便凝胶电泳能比较正确地测出相对分子质量并进行比较，应根据需要选择不同浓度的凝胶。一般来说，相对分子质量越大，选用的浓度应越小。表 37-1 列举了不同浓度琼脂糖凝胶能分离的 DNA 片段的范围。

表 37-1 不同浓度琼脂糖凝胶分离线性 DNA 片段的范围

琼脂糖浓度(%)	分离 DNA 片段的有效范围(kb)
0.5	1.0~30
0.7	0.8~12
1.0	0.5~10
1.2	0.4~7
1.5	0.2~3
2.0	0.05~2

2. 操作步骤

(1)计算所用凝胶体积,并根据 DNA 长度的不同确定凝胶的浓度,所用浓度参见表 37-1。

(2)用胶带或胶布将洗净、干燥的电泳凝胶支持板两端开口封好,形成一个胶模,水平放在工作台上。

(3)在支持板一端架好样品梳子,其齿顶端距支持板底部约 0.5 mm。

(4)用电泳缓冲液配制不同浓度的琼脂糖凝胶,在水浴或微波炉上将琼脂糖颗粒用最短的时间完全溶解。

(5)待凝胶冷却至 50~60 ℃左右,加入 EB,使其终浓度为 0.5 mg/L,混匀。

(6)将温热的凝胶倒入胶模中,凝胶的厚度在 3~5 mm 之间,倒胶时要避免产生气泡,若有气泡可用吸管小心吸去。

(7)凝胶自然冷却至完全凝结,小心移去梳子和四周胶带。

(8)将胶与支持板放入电泳桥中,样品孔放在阴极一端。

(9)加入电泳缓冲液,使液面高出凝胶表面 1~2 mm,如加样孔内有气泡,用吸管小心吸出,以免影响加样。

(10)将样品与上样缓冲液按 5∶1(V/V)混合,上样缓冲液不仅能提高样品的密度,使样品均匀沉到点样孔底,还能使样品带色,便于上样、估计电泳时间和判断电泳位置。

(11)用微量移液器将样品依次加入点样孔内。

(12)盖上电泳槽并通电,根据凝胶的长度按 5 V/cm 确定电泳时的电压,恒压电泳 20 min~2 h,使 DNA 向阳极方向移动。

(13)电泳完毕,电压回零,关闭电泳仪。

(14)取出凝胶,于紫外灯下观察实验结果。

3. 结果与观察

正常男性 DNA 标本经 PCR 扩增后,在紫外灯下可见对应 300 bp 处有一明显的条带,为扩增出的 SRY 基因产物(图 37-2)。

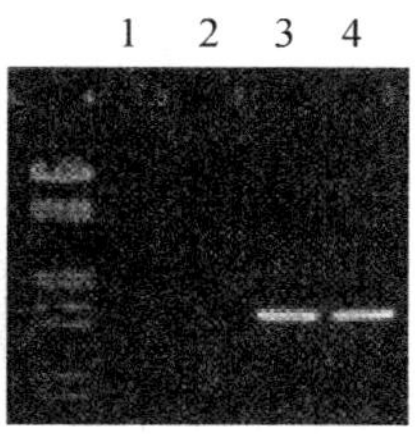

图 37-2 SRY 基因扩增产物

1. 正常女性;2. XY 女性

3. 正常男性;4. XX 男性

【作业】

每人绘出凝胶电泳检测 PCR 产物的结果示意图。

【思考题】

1. 一婚后不孕男子，经检查其核型为46，XX，SRY基因为阳性，如何解释？
2. PCR反应体系中的各种组分有哪些？它们各有哪些作用？
3. 试举一例，说明PCR在临床中的运用。